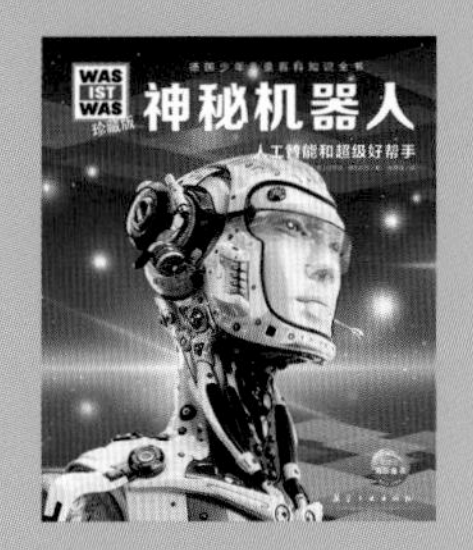

第一辑·全10册

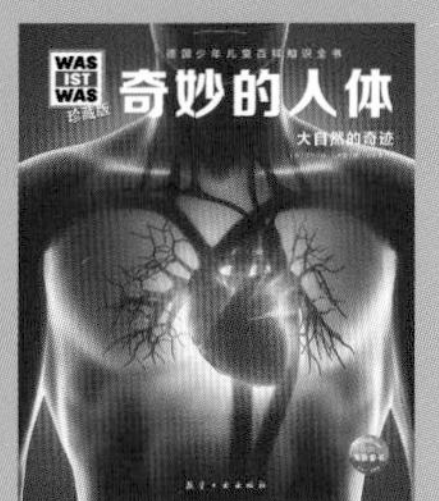

第二辑·全10册

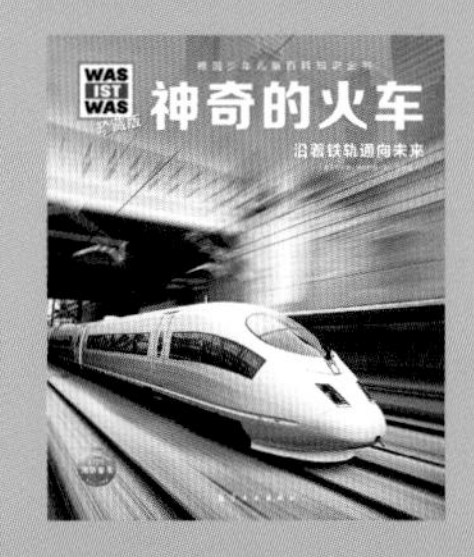

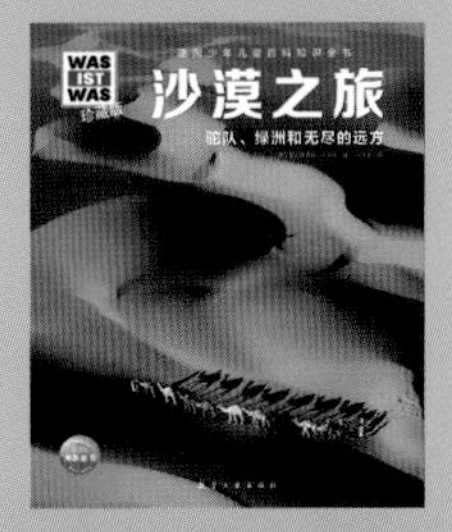

第三辑·全10册

第四辑·全10册

第五辑·全10册

第六辑·全10册

第七辑·全8册

WAS IST WAS

自好奇 科学改变未来

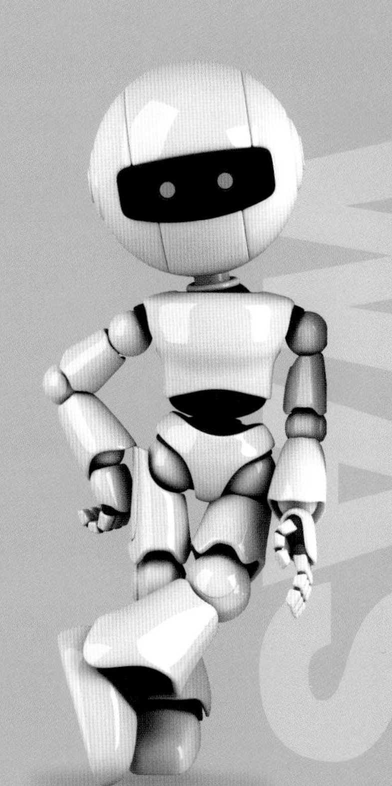

德国少年儿童百科知识全书

化石档案

生命的痕迹

[德] 曼弗雷德·鲍尔 / 著　刘木子 / 译

航空工业出版社

方便区分出
不同的主题！

真相大搜查

17 活化石：银杏叶化石以及现代的银杏叶。银杏树在恐龙时代就已经存在了。

7 这可能是一块菊石化石，但我们不能确定，它们有些是真的在地下形成的化石，有些却是假货。

4 历史的见证者

10 第一批化石大发现：鱼龙。

10 化石讲述的历史

22 细菌化石：35 亿年前的最古老的生物化石。

20 一切的开始

23 在前寒武纪的末期出现了许多奇怪的海洋生物。

27

这条巨大的鱼现在只剩下头骨了。

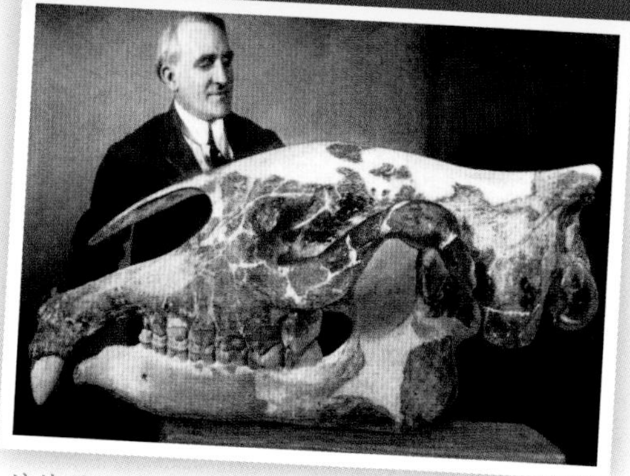

38

这块厚厚的头骨属于巨犀，它是有史以来最大的陆地哺乳动物。

24 古生代

31

二叠纪时期的动物很多都具有背帆，想知道背帆能起到什么作用吗？请看这里。

38 新生代

符号▶代表内容特别有趣！

44

这个尼安德特人模型是用化石骨头重建而成的。尼安德特人和我们现代人类有什么关系吗？

32 中生代

33

这些圆形大坑正是植食性蜥脚类恐龙的典型脚印。

48 名词解释

重要名词解释

非洲的化石“猎人”

施仑克教授和他著名的原始人类下颚骨化石“UR501”。这块化石是迄今为止发现的最古老的人类化石之一，能帮助我们研究人类的起源。

调查中的安娜·雷巴尔。植物下可能隐藏着许多有趣的化石，但也可能藏着蝎子！

在非洲马拉维的北部，一群年轻人走在多石地带，他们逐寸地观察地面，拿起一块石头，然后又扔掉。他们在寻找的正是化石——那些保存着早已逝去的生命的石头。由研究生和博士生组成的16人野外科研考察团，利用3周时间实地学习和研究如何寻找化石，以及化石中所包含的历史。考察团由来自埃塞俄比亚、肯尼亚、坦桑尼亚、马拉维和德国的学生组成。随行的还有考古学研究生安娜·雷巴尔，她学习过地质学、生物学、考古学和古生物学。该项目的领队是来自法兰克福的古生物学教授——弗里德曼·施仑克。

调查的艺术

考察团的团员们每天很早就起床出了帐篷，为的是充分利用清晨凉快的时光。在食用了简单的早餐后，他们便开始了考察工作。考察的第一步就是初步调查，他们通过观察地表有哪些化石，判断这里是否值得挖掘。他们还必须从满地的石头中分辨出哪些是化石，哪些只是普通石头。重要的化石很容易被忽略。比如，有些动物的骨头化石已碎成了小块，很难被归类或复原，而它们很有可能来自200万年前生活在这里的一只羚羊。这些化石大多和同龄的沉积岩埋在地壳的同一层。

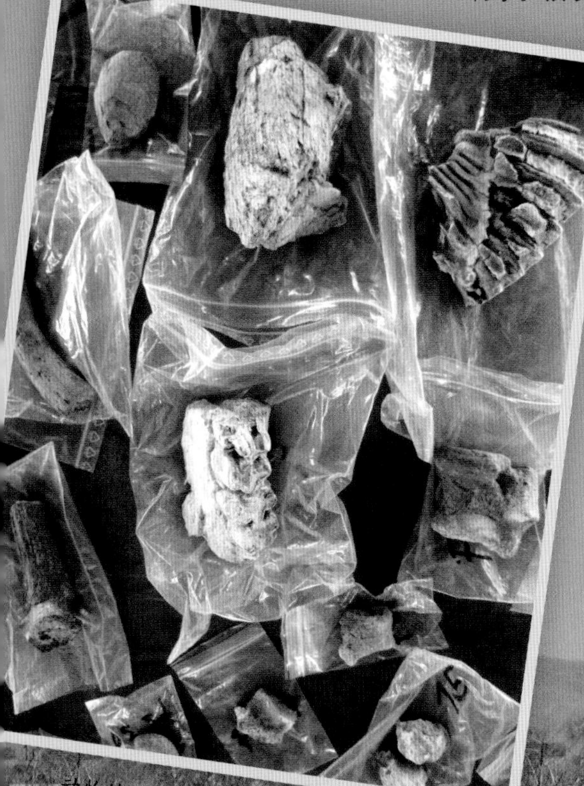

动物的化石可以反映它们的生活环境：羚羊生活在树木茂盛的地区，而瞪羚则生活在开阔的大草原。

地层的重要作用

当弗里德曼·施仑克教授第一次来到马拉维时，他还很年轻，和同样是古生物学家的美国朋友蒂姆·布罗米奇，在卫星图片上发现了马拉维北部70千米长、10千米宽的沉积岩带。马拉维位于东非的南部，是著名的猿人化石的重要发现地。猿人，即现代人类的祖先。这两位古生物学家期待在这里找到人类化石。1982年，他们一同来到马拉维北部，在发现人科动物的地层里，发现了大量同时期的动物化石，为我们研究早期的非洲奠定了基础。他们发现了许多动物的遗骸，包括羚羊、猪、马、长颈鹿等，还发现了狒狒的牙齿。这样就更有希望了，因为我们的祖先往往和狒狒生活在相同的栖息地。他们常年坚持在这里挖掘，终于在第十年——

安娜是在筛选、分类沉积岩时发现那颗牙齿化石的。他们还发现了许多动物化石，其中很多来自鳄鱼和乌龟。

1991年，他们找到了原始人类的下颌骨化石。这块化石的年龄大约在230万至250万年之间。

猪牙齿化石的重要作用

古生物学家一般会通过研究火山灰来确定地层的具体年龄。因为火山灰中含有的放射性物质会随着时间衰变，我们从而可以推算出其年龄。可是，马拉维的地层中并没有火山岩，在这里，古生物学家是依靠猪的牙齿化石来推算某个地层的年龄的。因为猪牙齿的形状和结构会根据环境和摄取食物的不同而有所改变，所以科学家可以根据猪的牙齿化石来判断该化石的年龄，然后推断来自相同地层的其他化石的年龄。

人类学家也是通过不同时期的牙齿化石形状来推断当时人们的主要食物。1996年，施仑克和布罗米奇的研究团队发现了鲍氏傍人的下颌骨化石。它表明，当时的人类主要以一些植物较硬的部位和草为食。这是他们在马拉维的第二个大发现！

神奇的小塔

当考察队在狭长的山谷考察时，他们发现了一种有趣的锥形砂石“小塔”。它的形成是因为当雨水冲刷土层中的泥沙时，小石头或化石像盖子一样保护住了它周围的沉积物，于是就形成了这种锥形小沙塔。这种奇观也很值得参观呢！

安娜发现的牙齿

考察团的成员安娜·雷巴尔在小沙塔中发现了一个深色的东西，它看起来很像一颗牙齿。她立马叫来了库尔姆教授和桑洛克教授。他们都是跟随着施仑克教授的古生物学家。他们立马察觉到这颗牙齿化石是“UR501”化石重要的遗落部分。“UR501”是1991年出土的原始人类化石编号。想要确定这个原始人类的具体种类并不容易，必须要找到他具有咬合功能的牙齿，再通过他的牙齿去判断。当时，教授们立马意识到安娜的发现的重要性，并确认这颗牙齿是一颗原始人类的臼齿。

牙齿化石的发现者安娜和施仑克教授。这是在马拉维的第三个大发现，他们当然要为之庆祝！

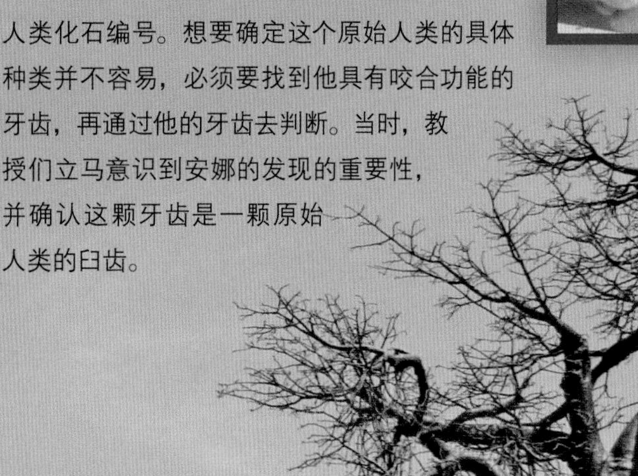

在炎热的午后，学生们正试图把一个犀牛的骨架拼出来。最棘手的就是拼接脚部的小骨头了。

什么是化石？

从化石中，我们可以窥见神秘的远古时代。化石不仅包括大型的恐龙骨骼，也包括极小的动物遗骸。德语中“化石”一词来自拉丁语，原意是“被挖掘出的东西”。大多数化石都是从由砂石和泥浆组成的土层中挖掘出来的，不过并不是所有挖出来的东西都能被叫作“化石”。古生物学家会仔细分辨哪些属于化石，哪些不属于。古生物学家主要研究的是1万年以前的生物。化石就是证明这些生物存在过的直接证据。第四纪冰期末期至今的这段时间被古生物学家称作全新世，不在他们研究的范围之内。

遗体化石

古生物学家可以区分哪些化石是遗体化石，哪些是遗迹化石。遗体化石指的是生物的遗骸形成的化石，比如骨头、牙齿、爪子或者蛋形成的化石。这些遗骸已经不会再发生化学变化，也不会被别的矿物元素所替换。

纪录 3.5吨

世界上最重的菊石化石有3.5吨重，直径接近2米，现在在德国北莱茵－威斯特法伦州的明斯特自然博物馆中展出。它已有8万年的历史。

这不是化石

这块石头距今已经有40万年，虽然年代久远，但它不是化石。

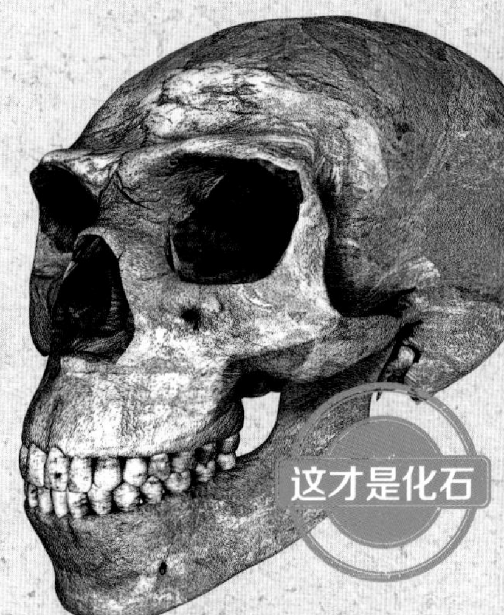

3万多年前的尼安德特人的头骨化石。这确定是化石！

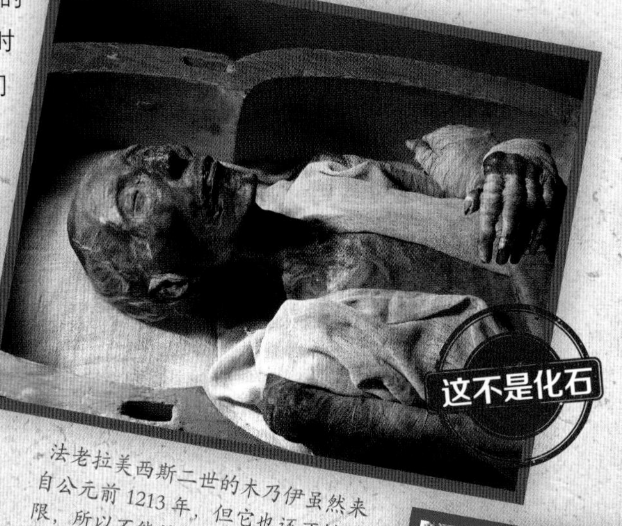

法老拉美西斯二世的木乃伊虽然来自公元前1213年，但它也还不够年限，所以不能被称作化石。

这才是化石

在美国亚利桑那州发现的数百万年前的树干化石。这种木头的遗骸很显然是化石。

这才是化石

这位笑容可掬的古生物学家正在小心地刷去恐龙蛋化石表面的尘土。这颗恐龙蛋距今至少有6 600万年的历史。这也是一块化石。

它看起来像是植物，但其实并不是！这些有细小分叉的“树枝”主要是矿物质（铁和锰）的沉淀，所以它们并不是真的化石。

一块菊石化石的横切面。数百万年前，这个小小的空间里曾居住着原始的头足纲动物。这是一块化石。

这肯定是一种植物的印迹。这个树叶压痕的形成年代也足够久远了，这是一个化石。

这才是化石

遗迹化石

还有一种化石名为遗迹化石，它指的是生物留下的痕迹和遗物所形成的化石。不仅巨大的恐龙足迹属于这一类化石，不起眼的虫洞或者原始蜗牛在草地上留下的痕迹也属于遗迹化石。它也包括石化的动物排泄物，比如恐龙、鱼、尼安德特人的排泄物所形成的化石，这类化石的学名是粪化石。

这不是化石

这才是化石

千百万年前，一只小苍蝇被困在树脂中形成了琥珀，这也是化石的一种。

这些石头上奇特的动物模样是伪造者雕刻上去的，这些所谓的“贝林格说谎石”也不是化石。

假化石

倒卖化石可以赚钱，于是伪造化石的行业也应运而生。但是，伪造的化石对科学研究来说没有任何价值。最有名的伪造化石当属 1912 年的“皮尔当人”化石，当时它被认为是新发现的某种原始人类的头盖骨化石，然而后来人们发现，它其实是人为伪造的，是由中世纪人类的头盖骨、猩猩的下颌骨以及黑猩猩的牙齿化石拼接后，人为地合埋于地下而形成的。至今人们都没有发现究竟是谁制造的这个骗局。

还有 18 世纪被贝林格先生发现的化石，它们也是人造的假化石。它们是用石灰岩制成的，后被人埋在沙土中，自然学家贝林格先生被人引诱到此地，落入了制假者的圈套，并在 1726 年公开了此次发现。在骗局被揭穿后，贝林格先生名誉扫地。

这才是化石

并不是只有骨头才能形成化石，这种巨大的恐龙足迹也是一种遗迹化石。

化石的形成

在重力作用下，上层沉积物可以把化石印在石头上，这个鱼的印迹化石就是这样形成的。

植物和小型动物大多会被大型动物吃掉，而被吃剩的部分会被虫吃掉或者被微生物分解。如果大气条件适合，甚至骨头和坚硬的壳都可能被分解。在这种情况下，一个生物在死后将会完全消失，找不到任何痕迹。只有在极少数的情况或非常特殊的条件下，生物的某一部分才会转化成为化石，并被长久地保存下来。

右图为三叶虫化石，化石的外壳中填充着沉积物。❷是实心的硬石。如果小心地将这块石头用地质锤和石工凿分离，就会看见有三叶虫印迹的化石❶。

1

2

被沉积物掩埋是化石形成的必要条件

大多数的化石来自动物或者植物，它们一般要么直接生活在水里，要么与水有接触。在死后，它们可能会被沉积物迅速掩埋，这些沉积物可能是泥土，也可能是沙石。生物遗骸的柔软部分只有在死后迅速与氧气隔绝，才有可能变成化石。大部分情况下，只有坚硬的部分，如骨头、角或者牙齿，会变成化石。这些物体被沉积物掩埋，不受外部气候影响。这样，它们才有可能被长久地保存下来。不断在上层堆积的沉积物对下层沉积物形成压力，下层沉积物就会渐渐变成坚硬的岩石，掩埋在其中的骨头也会发生化学变化，有机物会渐渐被分解殆尽。于是，一块易腐蚀的骨头逐渐变成了一块坚硬的、可以抵抗腐蚀的化石。在极少数情况下，柔软的身体部分也会矿物化，或者在石头上留下印迹，从而形成化石。

1. 数百万年以前

数百万年以前，一只恐龙在地球上无忧无虑地生活着，正兴致勃勃地大嚼大咽。然而，它所站立的地壳正在悄然变化，它却不知道危险就在眼前。

2. 遭遇不幸

这只恐龙死在了河边，并且迅速陷入淤泥中。在淤泥的包裹下，它身体的软组织慢慢腐烂了。

3. 骨头变成了化石

矿物质进入了这只恐龙的骨头、爪子和牙齿，取代了其中的有机质。慢慢地，它的骨头等部位就变成了化石。

被食腐动物吃过的动物遗体很难变成化石。

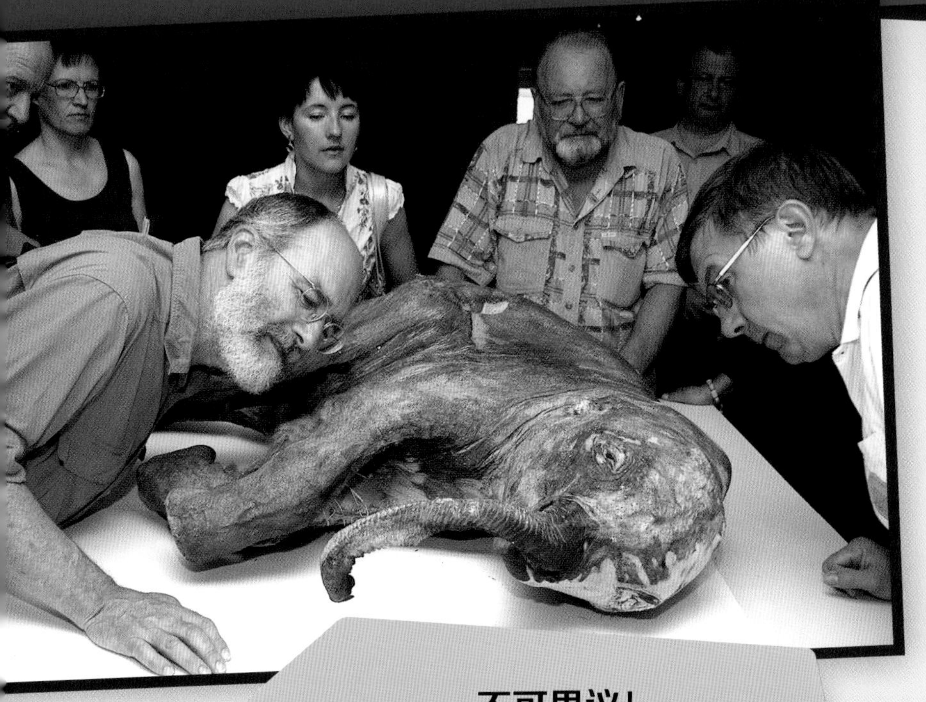

重见天日

大多数化石被深深地埋在地下，我们无法发现。但是在地壳运动过程中，当上层掩埋物在自然风、雨或者其他天气作用下逐渐被侵蚀掉后，里面的化石就会重见天日。最好的化石发现地点当属峭壁、山坡和断崖。在道路建设过程中也常出现化石，而化石采集者需要独具慧眼，并且挖掘技巧熟练，这才能保证出土化石的完整性。如果运气足够好，说不定能发现完整的恐龙化石，甚至我们以前从未发现过的某个新物种。

不可思议！

在西伯利亚的永久冻土层里，人们经常能找到猛犸象的象牙及骨架，有时甚至是整具被冻结的尸体，比如图中这只猛犸象宝宝。科学家们必须争分夺秒地对这具只有 6 个月大的雌性猛犸象宝宝的尸体做研究，他们希望在微生物开始侵蚀它之前得到它的 DNA 数据。

4. 时光流逝

随着时光流逝，地壳表层慢慢地发生变化，在化石之上不断有新的沉积物形成，将化石掩埋得更深。

5. 腐蚀

地球仍在变化，地壳的某些地方被重新抬高，经过风吹日晒，表面的土壤慢慢流失。

6. 重见天日

激动人心的时刻到了！这具恐龙化石在地表上露出了，如果它能在风化之前被古生物学家及时发现，那么古生物学家就会知道这是一具完整的恐龙骨架化石。太棒了！这只恐龙又重新被发现了！

古生物学的前世今生

传说，耶稣的大弟子圣彼得将毒蛇的舌头变成了石头。在这个化石出土后，当时的人们认为，这就是传说中的毒蛇舌头。但是，丹麦的一名医生尼古拉斯·斯丹诺（1638—1686）认识到，这其实是鲨鱼的牙齿化石。

我们现在对化石的研究始于300年前，在一次意外中，人们发现了化石这种奇特的石头。

从前的古生物学

那时，人们刚刚开始对植物、动物和矿物进行研究，也开始对难得一见的化石感兴趣，并且开始收集化石。人们对化石的由来进行了许多天马行空的猜测，有的人认为是魔鬼将这些石头带来人间，也有人认为这些动物也许都死于洪水。当时，人们还把鲨鱼牙齿的化石当作蛇的舌头。直到英国人威廉·史密斯（1769—1839）开始对英国境内不同地层所出土的化石进行具体测量和研究，他提出了化石是来自古生物的遗骸这个假设。他发现，在某些特定的地层会出土一些特定的化石，它们被称作“标准化石”。标准化石指的是那些在较短的时间内发生过剧烈演化，并且在地理上分布广泛、特征显著的化石。因为时间短，所以所在的层位稳定，易于鉴别。史密斯还做出了进一步推测——地层的层序也是固定的，新的地层永远在老地层之上。由此，史密斯创立了地质学的分支——地层学，主要研究地层的层序关系。从此，他被人尊称为“地层史密斯”。

玛丽·安宁（1799—1847）是英国人，年幼时贫穷，自学了关于化石的知识。年仅12岁时，她就发现了一副完整的鱼龙骨架化石。

根据玛丽·安宁所发现的鱼龙、蛇颈龙和翼龙化石，英国人亨利·德拉贝切（1796—1855）大致描绘了原始海洋中的场景。

今天的古生物学

即便是一个古生物学家团队联合工作，想要挖掘出大型化石也需要数周的时间。每块骨头被发掘的位置都要先拍照或画图记录，然后对出土的地层、上下地层的沉积物进行取样，以确定化石的年代。当然，最能表明该化石年代的还是标准化石。之后，这些化石会被运去实验室，由专业人员进一步清理并制作成标本。

不可思议！

在 18 世纪 70 年代，美国人奥特尼尔·查尔斯·马什和爱德华·德林克·科普开展了一场开采恐龙化石的激烈竞赛。他们不择手段地四处搜寻巨型爬行动物化石，并不惜利用间谍和阴谋去破坏彼此的计划，甚至使用炸药炸毁化石发现地点。

在哪里可以找到化石呢？

在断崖、采石场或者峭壁处，人们可以在不同年代的地层中发现不同的化石。如果你带着小锤子、小凿子直接劈开石灰岩板，你很容易就能有所收获。但是别忘了，去之前一定要得到相关人或机构的许可，并且要记得戴上保护手套和防护墨镜。

网格线能将挖掘现场精确分割，化石出土的具体位置也可以被准确记录。

考古用工具

地质图⑮能显示出哪里可能有化石。古生物学家会用不同的地质锤②、大小不一的石工凿①、小刮刀③、各种针尖⑥以及毛刷⑫将化石从土层中取出。通过放大镜⑦，我们可以看清化石上的细小部位，再对照化石图鉴⑪将化石归类。野外考察笔记本④用来记录考察过程中所有重要的发现。筛子⑤可以用来筛选出细小的化石。样本袋⑭和样本瓶⑪以及样本盒⑧是用来包装各种型号的样品的。微型化石⑨制作成切片后更方便放在显微镜下观察。挖掘时可能会有碎石掉落，挖掘人员必须佩戴头盔⑩。

打石膏的恐龙化石

在阿根廷发现的白垩纪恐龙化石可能需要几个月的时间才能真正挖掘出来。在运输过程中，我们还需要用石膏固定易碎的骨头，然后再将其送去实验室制成标本。

科学家正在显微镜下小心地清理化石周围的石块。

化石标本的清修

在化石被挖掘出来后，化石研究工作才能真正开始。挖掘出的化石要在采取初步的保护措施后送去实验室。易碎的、较大的化石要用石膏绷带和泡沫加固；小化石用袋子包装；上吨的大化石还需要借助叉车或货车运输。

在实验室里如何处理化石?

这些保护措施会在化石到达实验室后被移除。化石清修技师还需要借助地质锤、石工凿、小锯子以及小钻头进一步清理化石，有时也需要用到非常精细的雕刻刀和雕刻笔，必要时也会用到稀释后的酸液洗去附着物。破碎的化石会用胶水、易粘胶或者树脂重新修复。借助X射线，科学家们可以预先知道化石在沉积物中的位置以及化石的大小，这样，他们在清理过程中才可以提前知道哪里需要格外小心。越小的生物化石越需要精细的工具，有时清理工作甚至只能在显微镜下进行。根据沉积物和化石的具体情况，科学家需要采取不同的方法。比如，潮湿的板岩在干燥过程中容易破碎，这会导致内部的化石也受到破坏，所以科学家只能小心地做脱水处理，并且将其用树脂保存。

恐龙也看牙医?

科学家们正在为霸王龙的亲戚矮暴龙做牙齿清洁工作，不过清理的并不是牙石，而是化石周围的沉积岩。即便如此，他们还是需要像牙医一样对牙齿非常谨慎小心。

每一块化石都会被贴上标签并归类，这样人们就很容易知道它们是什么，以及何时何地被发现的。这些被归类好的化石很值得被反复研究，有些重大发现就是在研究博物馆已有的化石藏品时被发现的。

给化石写备注

当化石清修完成后，古生物学家就可以研究化石的解剖学构造了，并且可以和别的化石进行比对。幸运的话，你会发现有些化石不能被归类为任何一种已知化石，这说明你发现了一种全新的化石，那你就可以给这个化石起一个新名字。

在将新发现的动物化石与其他时代的这种动物化石对比的过程中，古生物学家可以推演出这种动物是如何进化的。再将它和今天的动物进行对比，我们则可以尝试还原它在古时候是如何生活的。想要还原化石中的动物的肌肉与骨骼系统则需要用到计算机，计算机还可以模拟出这种动物动态时的身体状态。

足迹化石也有着重要的作用，比如霸王龙的足迹化石可以显示它们的步幅大小，我们从而可以推算出霸王龙的行动速度。科学家们关于化石的研究结果会在相关的专业期刊杂志上发表，也会在会议上和业界人士分享，当意见不一致时，他们会进行激烈的讨论。这样的意见交流是科学研究的重要部分，在经过不断地辩论之后，研究者们会越来越接近真相。于是，数百万年前的世界便被一点点描绘出来了。

不可思议！

美国弗吉尼亚理工大学的古生物学家一直在研究一种 2.2 亿年前的爬行动物。他们没有将化石与围岩分开，如果那样做的话，整个清修工作将十分复杂，可能要用 1 到 2 年的时间才能完成。但是，研究人员利用高分辨率的计算机断层扫描技术，即 CT 技术，来观察这块石头，这让他们只用了两天时间就完成了研究的准备工作。

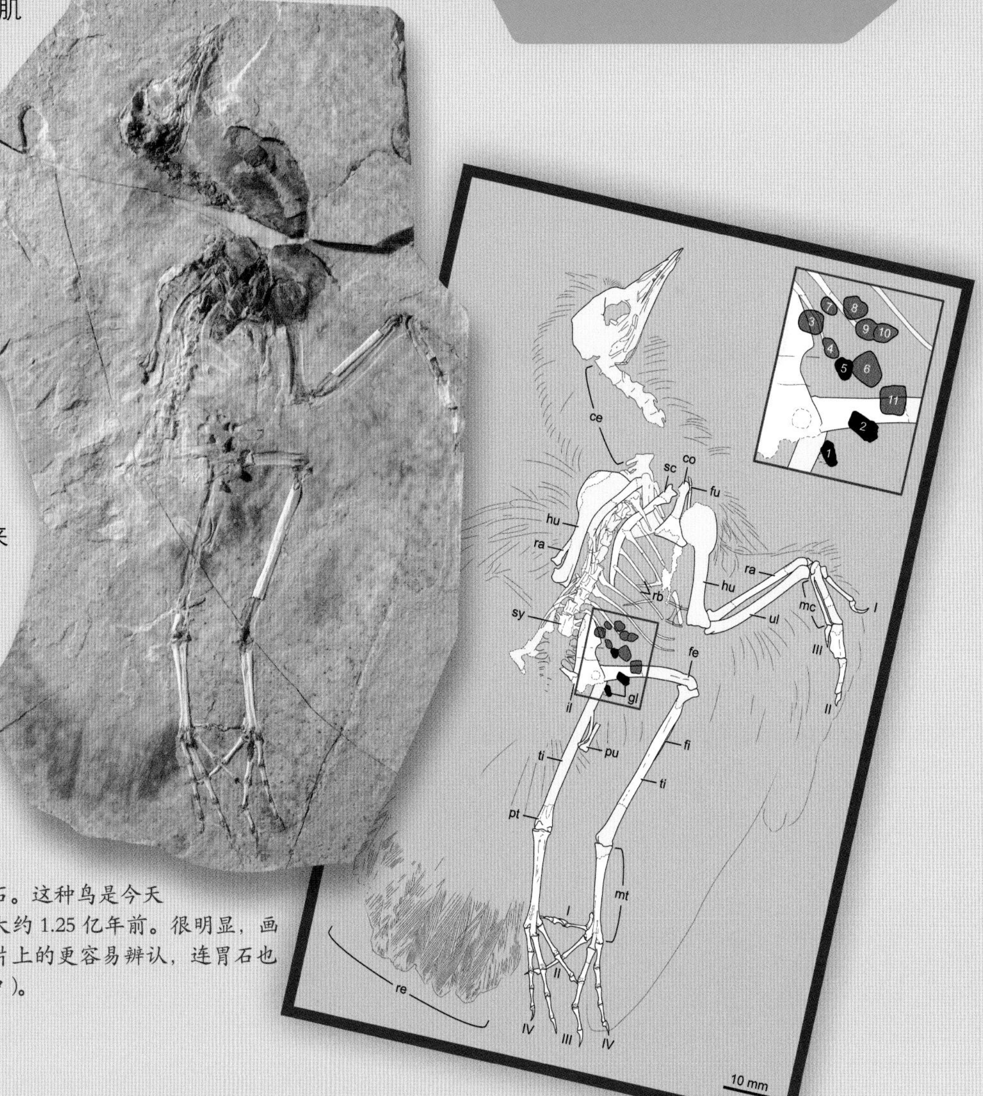

为什么要画图？

高冠红山鸟的化石。这种鸟是今天鸟类的祖先，生活在大约 1.25 亿年前。很明显，画出来的解剖细节比照片上的更容易辨认，连胃石也是如此（在红色方框中）。

被保留的绿色

树脂包裹着的一根针叶树的树枝，让这抹原始的绿色被保留至今。

许多种类的树都会分泌这种树脂，并且许多树脂里面都会意外包裹进一只小动物。

神奇的琥珀

金光闪闪的琥珀虽然看起来像是一块石头，但它并不是石头，而是由树脂形成的。早在数百万年以前，针叶树为了修复自身的损伤就会分泌出这种树脂，树脂黏附在受损处，可以防止细菌和真菌进入树体。然而，对于小昆虫、蜘蛛和别的小动物来说，树脂也是一种致命的陷阱。这些黏稠的树脂逐渐风干、变硬，并掉在地上，有些会在进入河流后流入大海，而留在地面上的树脂在大气和沉积物重力的作用下变得越来越坚硬、致密——这样，就形成了琥珀。琥珀在加勒比海地区很常见，尤其是在多米尼加共和国。另外，新西兰、北海以及波罗的海也有许多琥珀。

波罗的海的琥珀

大约 5 000 万年前，地球的两极是无冰的，欧洲地区也是亚热带或热带气候。那时的斯堪的纳维亚半岛上生长着巨大的原始森林，那里的树木排出了大量树脂，形成了许多琥珀。现在，人们还可以在波罗的海的海滩上找到那时形成的琥珀，有时，在内陆地区也可以。琥珀对于古生物学家来说有重大意义，因为许多琥珀里封存了一些当时的小动物，那些被包裹的小动物在里面被保存得很完整，并且所有细节都清晰可见。然而，这些琥珀中的动物大多是中空的，通常只有昆虫几丁质硬壳那样的物质，才能被完整保存下来。

有神秘力量的琥珀

琥珀不仅对古生物学家来说有着重要价值，它还可以被当作饰品，对普通人来说也有很高的装饰价值。琥珀甚至一度被认为具有神奇的治疗力量。它还被传为驱赶女巫、恶魔以及抵御魔咒的神秘武器。无论这些传言是真是假，这些明亮的琥珀都十分美丽。

没有攻击能力的蝎子

这是一只被困在琥珀里的蝎子，我们甚至可以看到它身上细小的尖刺，不过，它再也没有攻击能力了。

琥珀首饰

特别透亮和美丽的琥珀会被做成首饰。

从琥珀中复活恐龙——真的有可能吗？

在电影《侏罗纪公园》中，恐龙学家就是在琥珀中发现了吸食了恐龙血的蚊子，并从中提取到了恐龙的 DNA。通过研究，恐龙学家还原出了完整的恐龙 DNA，并最终孵化出了真的恐龙。然而，这在现实中实现的可能性极小，因为经过数千万年，这些 DNA 都已经碎片化，无法研究还原了。

断腿青蛙

这是一只命途多舛的青蛙。它大概先是被一只鸟叼了起来，并且弄伤了它的腿。没想到的是，它虽然逃脱了被鸟吃的厄运，最后却掉进了树脂里，变成了这块琥珀的一部分。

你在看什么？

像这样较大的脊椎动物，比如蜥蜴、壁虎等，很少在琥珀中被发现。

有这么多脚却还是在劫难逃的蜈蚣

这块在多米尼加共和国发现的琥珀里，有一只距今约 1.5 亿到 4 000 万年的蜈蚣。

你知道吗？

- 琥珀中的动物或植物等物体被称作“内含物”。
- 在德语中，“琥珀”一词来自中世纪的德语方言，意思是“燃烧的石头”。琥珀也的确可以被点燃。
- 迄今为止，人们发现的最重的琥珀为 68 千克。它于 1991 年在印度尼西亚被发现，但是因为它太大了，所以人们只成功回收了其中的部分。现在，它最大的两个部分各重 23 千克，这两个部分被保存得很好。

注意！

黏黏的、散发着芬芳的树脂，吸引着那些又小又轻的昆虫，但树脂对它们来说十分危险，就如同捕虫器一般。

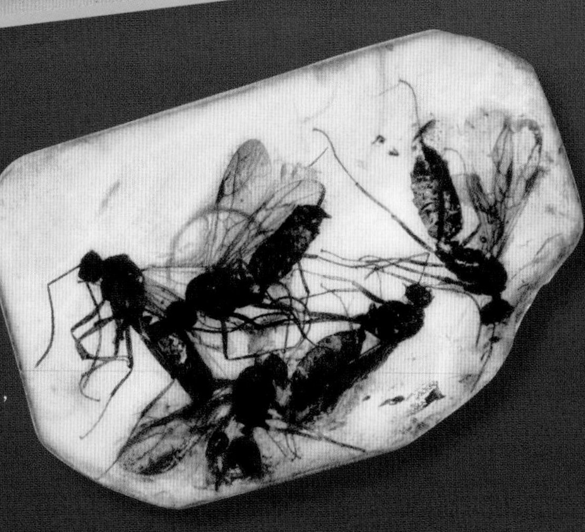

活化石

从化石中，我们可以看出，过去的世界在不断改变，动植物也在根据生存条件的变化而做出调整。在调整过程中，一些旧物种灭绝了，一些新物种又出现了。有些物种完全灭绝，没有留下后代。今天存活的许多动植物和它们的祖先几乎没有任何相像之处。但是，也有一些物种看起来和数百万年前几乎没有区别。如果一个物种在很长的时间内几乎没有变化，那么它就会被称作“活化石”。一般来说，这是因为它们的栖息地长时间内几乎保持不变，还有可能是因为这些物种只生活在孤立的环境中，没有竞争者，也没有天敌。有些活化石一度被认为已经灭绝，后又被重新发现，比如腔棘鱼。一开始，人们只是发现了它的化石，并推断它距今至少有7000万年。但在20世纪，人们又发现了活着的腔棘鱼。也有一些我们熟知的生物被称作活化石，比如衣鱼、蟑螂、蜻蜓，它们在石炭纪，即距今3.59亿至2.99亿年前就已存在。“活化石”这一概念由查尔斯·达尔文提出，也正是他提出了“进化论”。活化石也被称作“进化缓慢型生物”。

腔棘鱼

在很长的一段时间内，人们都只在化石中见到过腔棘鱼，所以认为它已经灭绝了。1987年，德国海洋生物学家在科摩罗群岛潜至200米处时，在那里的自然栖息地里也发现了腔棘鱼。

特殊的头骨构造让喙头蜥成为活化石。它的头顶有一个叫颅顶眼的感觉器官，这不是真正的眼睛，但它可以感知光线明暗最细微的差别。喙头蜥所属的爬行动物类群在三叠纪时曾经非常繁盛，那时是恐龙时代的早期。

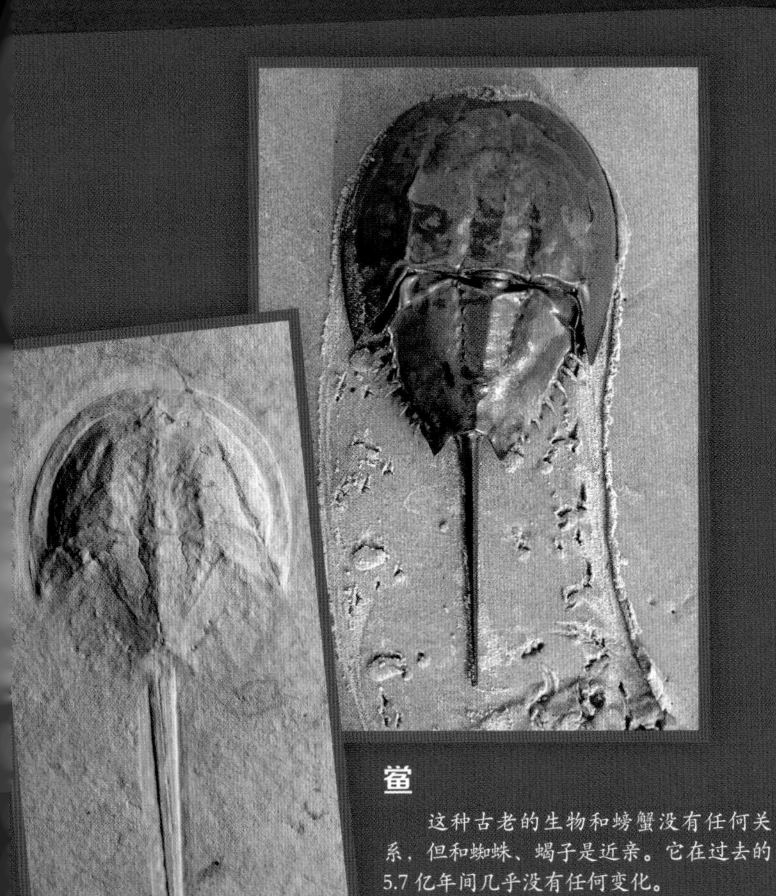

鲎

这种古老的生物和螃蟹没有任何关系，但和蜘蛛、蝎子是近亲。它在过去的5.7亿年间几乎没有任何变化。

银 杏

从2.01亿年前的侏罗纪到6600万年前的白垩纪晚期，银杏和它的近亲物种曾经广泛分布于世界各地。但是，只有其中抗性最强的一种在中国得以存活至今，并且又开始在世界的其他地方重新被种植。

蜻 蜓

蜻蜓甚至在恐龙出现之前就已经存在了，除了大小，它们的结构几乎没有改变过。在化石中，我们曾经发现过翼展宽度达70厘米的蜻蜓！

蟑 螂

它们被认为是世界上最坚强的生物，它们的相貌自石炭纪以来就几乎没有改变过。蟑螂有它们的生存秘籍：它们对生存条件的要求很低，并且很难被别的物种吃掉。这就是它们能在极端气候和陨石撞击中存活下来的原因。蟑螂看着恐龙在地球上出现，又看着它们如何灭亡。

化石的启示

岩石和矿物的变化，记录了地球上的地质历史，以及来自地球内部的巨大力量是如何不断重塑地球的。火山活动也改变了海底构造，塑造了许多新的山脉。另一方面，岩层中的化石也显示了过去地球上的气候和环境。

生命的历史轨迹

许多化石来自今天我们所熟知的生物，但也有的化石来自我们完全陌生的生物。比如，今天再也没有恐龙和三叶虫这样的生物了，它们在进化过程中完全灭绝了或者进化成了别的物种。化石可以帮助我们重建生命的族谱，也帮助了英国科学家达尔文在 19 世纪提出了著名的“进化论”。这一理论解释了动植物是如何在一代又一代的进化中逐渐形成新的物种的。古生物学家也从生物不断改变的结构特征中，推断出了地球环境的变化，他们甚至通过在显微镜下才能观察到的小型海洋生物化石，得知了当时的海水温度和海洋环境。

大陆板块之谜

化石还帮助我们揭开了大陆漂移之谜，大陆并不一直都是我们现在看见的样子。在地图上，我们可以看见非洲的西海岸和南美洲的东海岸的线条形状非常契合，这两块大陆就像两块可以拼在一起的拼图。19 世纪初，德国科学家阿尔弗雷德·魏格纳猜测，这两块大陆在很久以前也许是一整块，只是后来才漂移开，并且形成了大西洋。魏格纳还试图弄清楚其他板块在很久以前是如何连接的。他怀疑，在很久以前，所有的大陆其实都是连接在一起的一整块大陆，他把这块大陆叫作“泛大陆”。

遍布四处的化石

为了证明他的猜想，魏格纳也利用了化石。他绘制了动植物化石的位置分布图，发现同一物种的化石在非洲、澳大利亚、南美洲、印度以及南极洲都有发现。有时，两个地点之间隔着数千千米宽的海洋，但是在魏格纳的泛大陆地图上，这些发现地其实都属于同一个区域。比如，生活在距今 2.9 亿至 2.8 亿年前的一种爬行动物中龙的化石，在阿根廷和非洲都有发现；而另一种蕨类植物——舌羊齿的化石在所

生生不息的生命

大约在 38 亿年前，地球上出现了第一个单细胞生命。之后，它又逐渐形成了简单的多细胞生命。地球上的生存条件在不断改变，时而温暖，时而寒冷，时而潮湿，时而干燥。在这样的变化中，不断有新物种诞生，而散落着化石的沉积层就像一页页纸张，记载了这些曾经存在过的生命的历史。

生命之树。早在 1837 年，达尔文就在他的笔记本中记录下了他关于物种进化的观点。这个观点在当时颇具争议。

这种舌羊齿类植物的化石在非洲和巴西都能找到。

德国气象学家、极地研究人员阿尔弗雷德·魏格纳（1880—1930）创立了“大陆漂移说”，对化石的研究是他的灵感来源之一。

有地球南部的陆地板块上都有发现。这些蕨类植物都是在地球还是泛大陆的时候传播的，之后大陆又分开了，所以这种蕨类植物的化石零散地分布在各个大陆上。然而，魏格纳却无法解释是什么导致了大陆漂移。

出现在山上的贝壳?

今天，我们已经知道地壳是由许多大小不一的大洋板块和大陆板块组成的。这些板块在热而黏稠的岩浆上漂浮着，就像水上的木块一样。地幔中的岩浆上下涌动，让大陆板块时而远离，时而靠近。这些大陆板块在相互碰撞时会产生巨大的力量并相互挤压，使地壳的岩层形成褶皱，原本位于海域的沉积岩上升了几千米，形成了山川。所以，人们常常能在阿尔卑斯山脉、安第斯山脉或者喜马拉雅山脉发现贝类化石、菊石化石等典型的海洋化石。每一块化石似乎都在告诉我们，我们脚下看似牢固的陆地、广阔的海洋以及地球上所有的生命，其实时刻都在移动。

像这样的海洋化石常常可以在高山上被找到。大约6 000万年前，由于非洲板块和欧洲板块的撞击，古老的海底被抬高了，并且形成了阿尔卑斯山脉。所以，在山上可以找到原来生活在海底的各种海洋生物的化石。

变化的地球

欧洲、非洲、北美洲、南美洲、澳洲、亚洲以及南极洲这些看似是固定分布的大陆，其实在数亿年的地质历史上时常会移动位置，有时甚至会分裂。泛大陆首先分裂成了罗迪尼亚古陆和冈瓦纳古陆，后来，这两块大陆又分裂成了今天我们所知的这些相对小一些的板块，并漂移到了今天的位置。未来，它们也许会重新合并，再次形成一个超级大陆。在如今的大陆分布的形成过程中，海平面也在随着大陆的移动上升或下降，从而导致有的陆地被淹没或重新出现。随之而来的气候变化也迫使地球上的生物不断地进化并与之适应。

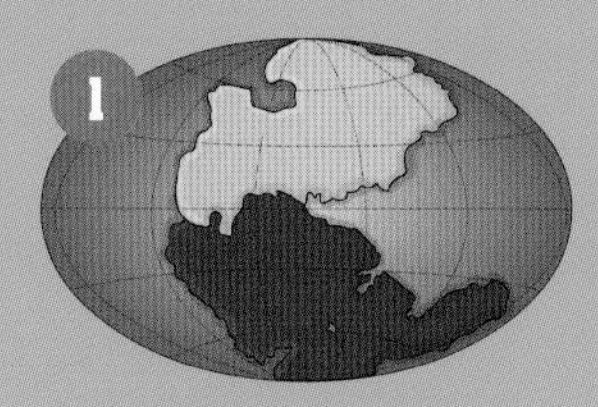

2.5 亿年前，那时的泛大陆还被海水包围着。

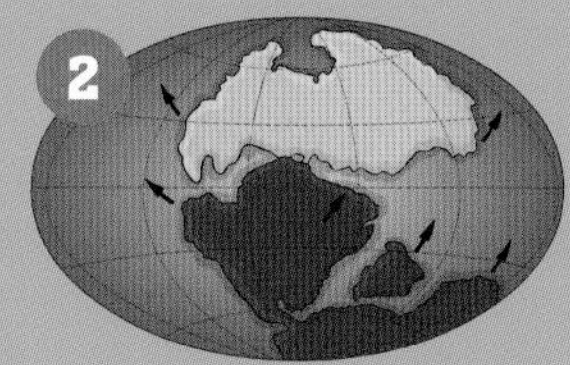

1.6 亿年前，罗迪尼亚古陆和冈瓦纳古陆形成。

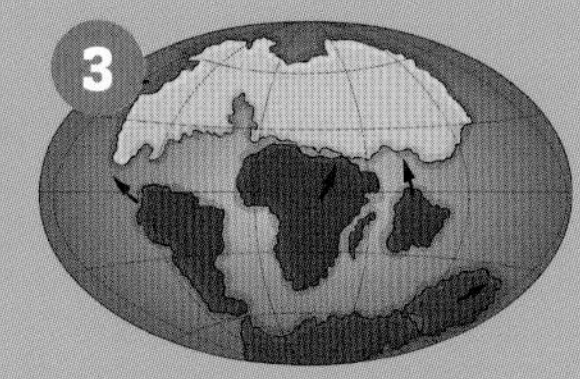

1 亿年前，这两块大陆逐渐分裂。

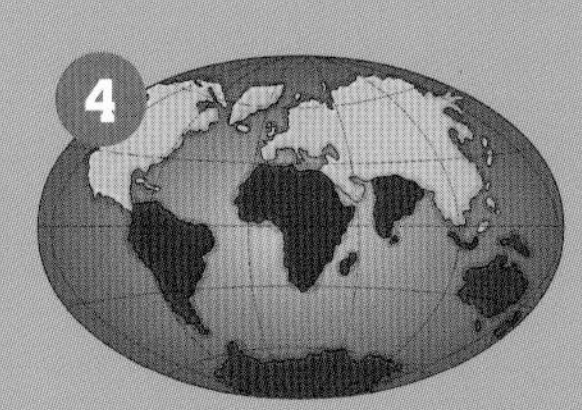

这就是我们今天所看见的世界，不过，大陆漂移并未停止。

地质年代

在化石的帮助下，古生物学家得以还原地球上曾经生活过的动物和植物群的面貌。事实证明，将原始世界划分为不同的时期是十分有必要的。在这些时期的交界处，我们可以从化石中看出那时的动物和植物群发生了明显的改变。自然环境的改变会引起气候的变化，海平面的上升或下降则让生物不得不改变自己以适应新的环境。这使得水中或陆地上的生物种类都不断变多。不过，也有许多物种就此从地球上消失。

大规模物种灭绝

在对化石研究中，我们也发现当地球上的生存环境发生非常急剧的变化时，许多物种会在短时间内灭绝。最大规模的物种灭绝发生在约 2.52 亿年前，它标志着古生代的结束与中生代的开始。大约有 95% 的陆地生物和 70% 的海洋生物在这一时期消失。除此之外，也还有一些其他的大规模物种灭绝事件，如发生在奥陶纪末期（约 4.44 亿年前）、泥盆纪和石炭纪之间（约 3.59 亿年前）、二叠纪的末期（约 2.52 亿年前）以及三叠纪和侏罗纪的交替时期（约 2.01 亿年前）的物种灭绝。最近的一次大规模物种灭绝，也是最著名的一次，它使生活在古生代和新生代交界时期的恐龙全部遭遇了灭顶之灾。

如何确定年龄

200 多年前，地质学家就已经注意到地球的岩层是以特定的顺序排列的，并且每一个岩

纪录

99.9 %

其实，曾经在地球上生活的 99.9% 的物种都不复存在了。我们已知的化石只是这些消失的物种中的很小的一部分。地球的过去其实还有很多值得被发掘之处。

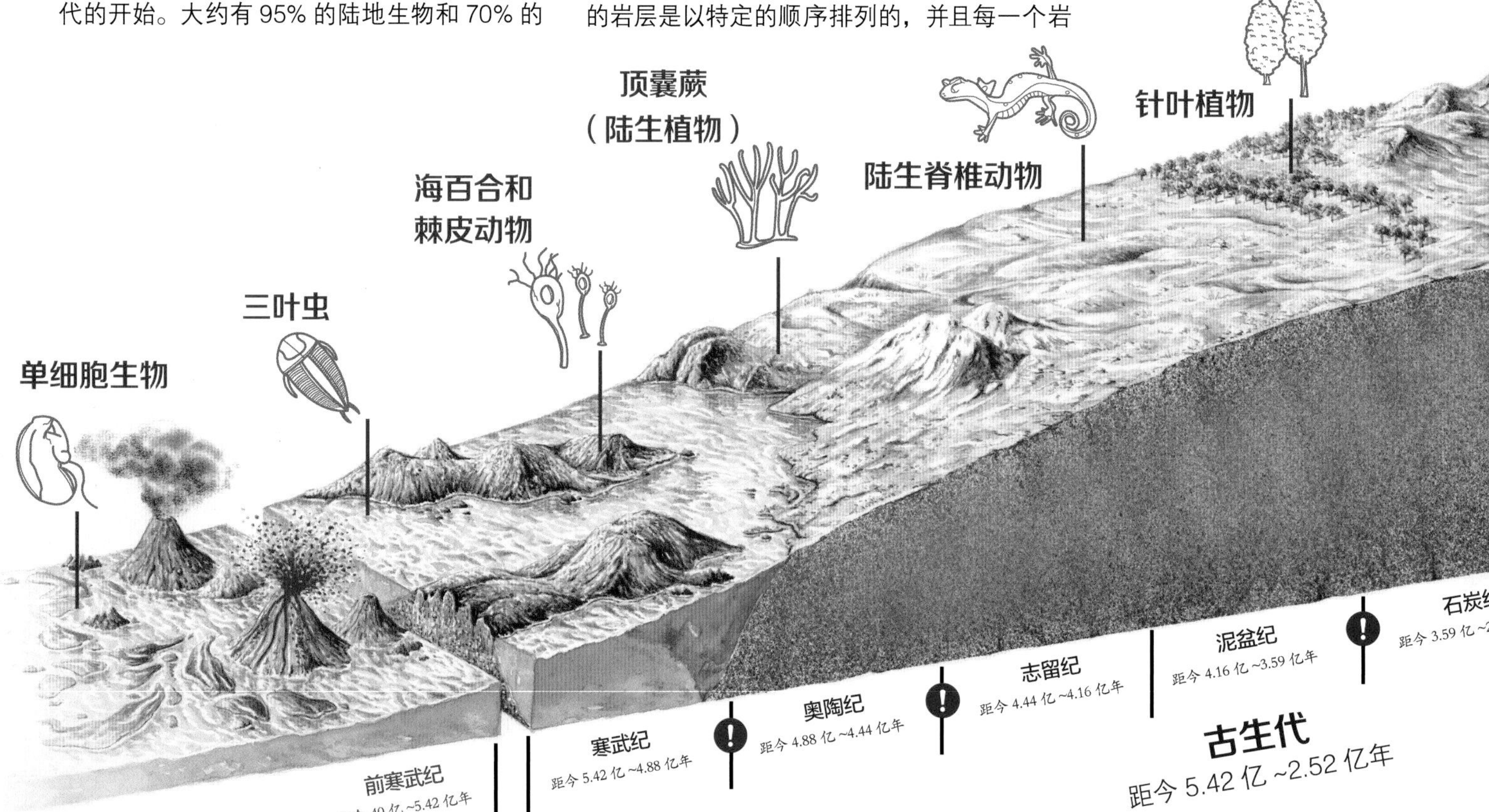

层都有各自的标准化石。他们进一步得出结论，处于同一岩层的化石也都出自相同的年代。在这之后很久，人们才发现可以利用放射性测年法精确测定岩层年龄，特别是在鉴定火山灰的年龄时，此方法格外奏效。火山灰形成的土层中含有放射性元素，如铀 -235，它的衰变率是已知的，这对研究人员来说测量起来非常方便，通过对铀和其衰变物的对比就可以确定地层的年龄。如果含有化石的沉积岩层位于两个火山岩之间，则可以确定该沉积岩层的最大和最小年龄。还有许多类似的利用放射物质鉴定年龄的方法，最常用的是放射性碳定年法，也被称作“碳 -14 测年法”。它所能测定的年份最久可达 50 000 年。

标准化石

为了划分地质时期和确定沉积岩层年龄，古生物学家会选取一些经常出现的动植物化石作为参考。那些存在时间短、演化快、地理分布广泛、特征显著的动植物的化石被称作“标准化石”，专家们利用它来确定沉积岩的年龄。最著名的标准化石有三叶虫化石、菊石化石和箭石化石。

菊石的缝合线对于菊石的种类鉴定和年龄鉴定都有重要意义。

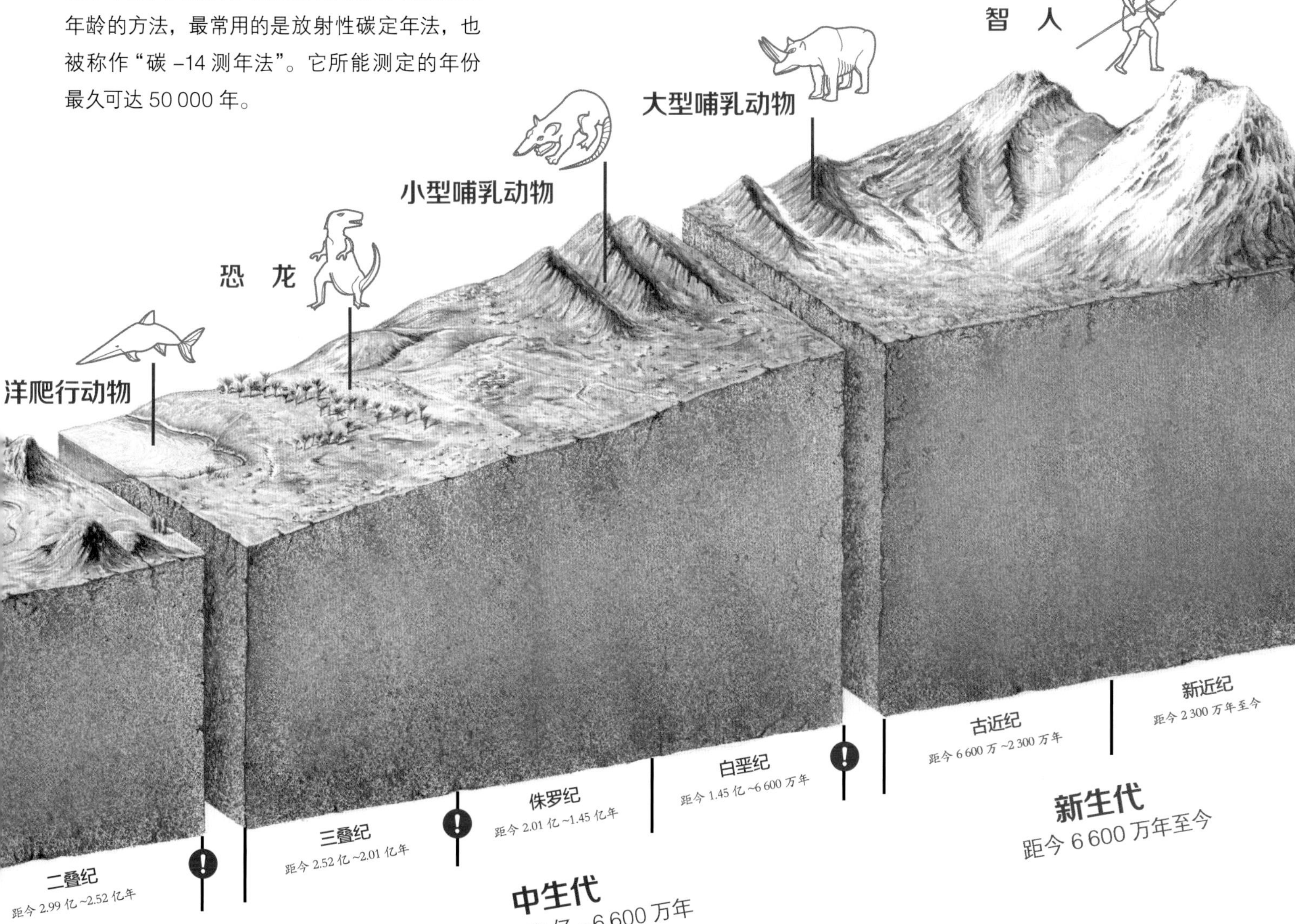

地质年代的尺度可以帮助研究人员将化石按地质历史进行分类，它涵盖了过去 40 亿年的物种进化史中发生的各类关键事件。这张图只粗略地划分了地球纪元（如古生代）和地质年代（如奥陶纪），并没有按时长比例绘制。

! = 大规模物种灭绝

前寒武纪——生命的起源

我们的地球是在46亿年前与太阳以及其他行星一起，由巨大的气体和尘埃云形成的。宇宙中越来越多的物质聚集在一起，很快就形成了一个高温的岩石星体——原始的地球。科学家推测，历史上地球曾与另一个火星大小的原始行星忒伊亚相撞。忒伊亚几乎被摧毁，它的一部分石块、尘埃和气体被撞入太空，并被地球吸引成为地球的一部分。还有许多碎石则又重新聚在一起，形成了月亮，并围绕着炽热的地球转动。又过了许多年，渐渐地，地球冷却下来，地球表面下了数千年的雨，从而形成了原始海洋。海洋中又逐渐形成了无机盐和较小的有机分子，它们是未来生命的组成基石。

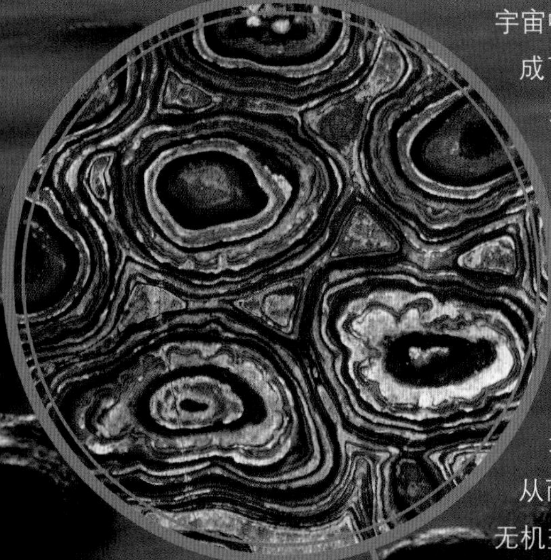

叠层石

你必须十分仔细地观察才能从这些石头上发现化石的痕迹。上图的结构是30多亿年前的细菌形成的，它们是迄今为止最古老的生命化石遗迹。背景图显示了澳大利亚鲨鱼湾的活叠层石。

最初的生命

早在距今40亿至30亿年前，第一个单细胞有机体可能就已经形成了。当时，地球大气层的主要组成气体是二氧化碳、氮气、水蒸气，以及少量的甲烷、氨气和硫化氢。其中，硫化氢是一种对人类来说毒性很大的气体。现在已知的最古老的化石大约有37亿年的历史，它们是依赖阳光和二氧化碳即可生存的蓝藻。这些至今仍然存在的微生物制造了大量氧气，令地球的环境也适合其他生命生存。这些藻类会分泌一种胶状物，不仅把自己粘在海底，还会粘住许多沉积物，日积月累，也就在海底形成了叠层石。叠层石也被称为“活岩石”。已知的最古老的多细胞生物距今大约有15.6亿年，它们的化石与海藻化石类似，很有可能是今天动植物和真菌的祖先。

“大雪球”

大约在7.2亿年前，地球曾被完全冰封。我们的星球也许经历过数次这样的“雪球”时期，海洋被冻结，陆地也完全被冰雪覆盖。大约在6.36亿年前，地球再次解冻，并出现了新的生命。

多细胞生物

这时的浅海区域居住着许多特殊的多细胞生物。有一群多细胞生物因为在澳大利亚埃迪卡拉山被发现，所以被命名为埃迪卡拉动物群。它们生活在大约5.5亿年前，既没有头也没有腿，只能平摊在海底过滤食物微粒，吸收其中的营养物质。后来，它们才渐渐有类似头和嘴的器官出现，古生物学家对这些动物属于哪一物种感到莫衷一是。大多数专家认为它们是一种原始动物，但也有专家认为它们只是一种藻类，或者是一种巨大的单细胞生物。它们依靠海底的菌床获取营养。

狄更逊水母化石

此类化石有的只有1厘米长，也有的长达1米，它们生活在距今5.6亿至5.55亿年前。据专家推测，这种扁平的生物有一个前端和一个后端，但没有头。它们大概是依靠整个身体表面来吸收海底的营养的。

查恩盘虫化石

这种生物靠底部的基盘吸附在海底，并依靠其羽毛状的组织把细菌从水流中过滤出来。查恩盘虫呈绿色，并可以利用阳光生存。

三星盘虫化石

研究人员在电脑中还原了这种“三条手臂”的生物，它们通过特殊的身体形状将海水引导流入身体的两个腔孔中，过滤并吸收水中有营养的小分子。

金伯拉虫化石

和这种化石一起发现的还有许多牧食遗迹。金伯拉虫可能取食细菌形成的菌毯。

斯普里格蠕虫化石

这个化石是根据埃迪卡拉生物群的发现人——斯普里格的名字命名的。它由几个部分组成，有一个前端和一个后端，还极有可能有眼睛和嘴巴。这种只有3厘米长的生物被认为是最早的食肉动物。

奇虾化石：距今5.05亿年的奇虾爪子。

寒武纪——物种多样性的起源

在寒武纪之前，世界被单细胞生物和埃迪卡拉生物群的软体动物所占据。但在约5.3亿年前，许多新物种突然出现，它们拥有许多新的显著特征，其中，“骨骼”就是重要特征之一。一些动物具有内在骨骼，另外一些则由外骼架支持，即外壳。甚至有些动物进化出了腿和头，并且上面还有感觉器官。研究人员把这种物种的极大丰富和大幅进化称作“寒武纪大爆发”。

寒武纪的武装

奇虾是一种当时处于食物链顶端的物种。它们长约1米，生活在海底，并用其特有的带柄的大眼睛在远古海洋中觅食。人们还曾在澳大利亚发现奇虾的眼睛，每只眼睛都由16 700个六角形晶状体组成，被它发现的任何猎物都会被它身前的两个螯爪迅速钳住，然后送入口中。而被猎食的动物则会用坚硬的外壳保护自己，并试图用刺刺伤敌人。于是渐渐地，捕猎者也进化出了更高的咬合力和更强壮的螯爪。在这场捕食与被捕食的较量中，双方都会不断进化出新的捕食和防御武器。

有柄复眼

螯爪

奇虾通过扇动身体两侧的叶片在海底平稳地游动。它的头上长有两个有柄眼，就像今天的甲壳动物和昆虫的复眼一样，它的每只眼睛都由成千上万个晶状体构成。它的嘴巴前面有两个抓力巨大的螯爪，用来捕获食物并将其送入口中。

奥托虫的化石显示它们的身体通常是弯曲的，于是专家推测，它们在大多数时候隐藏在海底的U形潜穴中。

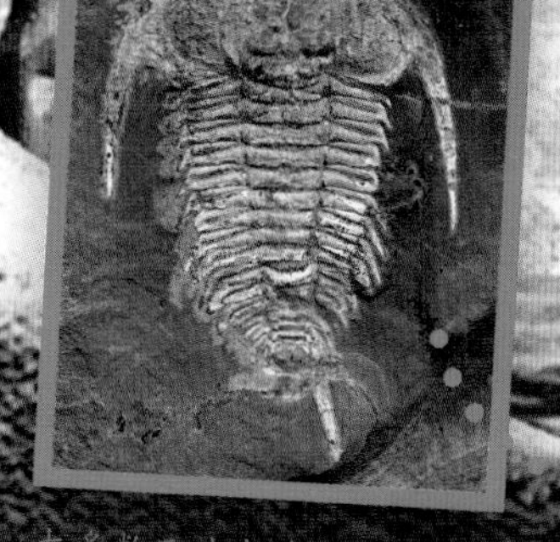

大多数三叶虫的长度都在3至10厘米之间。某些稀有种类可以达到半米长。

钙质的重要作用

至今为止，寒武纪大爆发的原因还是个未解之谜。一些科学家猜测，很有可能是因为原始海洋中的化学元素组成发生了变化。在海水对大陆的侵蚀作用下，不断有大量钙质物被冲入海水中。钙元素对当时生活在海里的生物来说是一种危险的毒物，于是，当时的生物将钙质转化成石灰，并由此形成了外壳，后来，又有些生物逐渐形成了内骨骼。这些支撑结构反过来也帮助了这些生物，使它们不易受到海浪和水流影响。

窥探寒武纪的窗口

1990 年夏天，古生物学家查尔斯·都利特·瓦尔科特在加拿大落基山脉的幽鹤国家公园的黑色页岩上发现了奇怪的化石。在这里的伯吉斯页岩中，不仅含有骨骼化石，而且还有软体动物组织、海藻以及水母的化石。然而，在 5 亿年前，这些生物是生活在温暖而又靠近珊瑚礁的浅海区域的。一直到今天，这个地方都不断有新的化石被发现。

皮卡虫一般不到 5 厘米长，背部长有脊索（一种生物背部起支撑作用的结构），起到脊柱的作用。

多年以来，研究人员一直分不清这种生物的上下前后。现在人们终于明白了：有尖刺的一面朝上，触手朝下。因为这种身体构造太过奇特，让人无法相信它真的存在，于是专家们把它称作“幻形虫”。

只有 2 厘米长的马瑞拉虫有一个盾牌一样的外壳和四个向后的刺来保护自己。它可以在海底的泥浆里寻找食物，也可以通过过滤海水获取其中的漂浮物。

欧巴宾海蝎有 5 只眼睛，用爪子捕捉软体动物为食。

欧巴宾海蝎的化石虽然只有几厘米长，但连它身体的软组织都清晰可见。

奥陶纪、志留纪、泥盆纪

在奥陶纪、志留纪以及泥盆纪这三个地质年代中，大多数生物仍然生活在海里，但也正是在这一时期，出现了第一批向大陆进军的动植物。

腕足动物从自己壳上的洞中伸出肉质柄（触手），让自己吸附在珊瑚礁上。

奥陶纪

在奥陶纪（距今 4.88 亿～4.44 亿年）的海洋中，生活着各种无颌类海洋生物、海蝎和数量众多的三叶虫。有些巨大的头足类动物可以达到 4 米长，并有可伸缩的外套膜。通过收缩外套膜，它们可以将体内的水从外套膜上的小孔中喷出，从而形成反作用力让自己在海洋中游动，这与导弹发射获得动力的原理类似。在奥陶纪，也出现了第一批向大陆进军的生物。最初是植物的祖先，绿色的藻类，接着苔藓在潮湿的地方也出现了，如岸边、洞穴等地。之后，陆地上也出现了一些水生节肢动物的足迹。它们是最早生活在阳光和空气中的生物，这说明当时的大气中已经有足够的氧气，并形成了能减少紫外线辐射、保护动植物的臭氧层。

笔石动物的个体很小，可以分泌一种叫笔石体的物质。一些笔石动物会聚在一起，分泌笔石体形成外骨骼共同生活，随着海水漂流。另一些笔石动物则会固定在某处生活。

海蝎曾经一度是古生代内海和外海的霸主。和今天的蝎子一样，它们也长有尾刺，但它们比现在的蝎子长得多，足足有两米长！

志留纪

随着各种生命在志留纪（距今 4.44 亿～4.16 亿年）继续向陆地发展，第一批真正的陆生植物出现了。它们虽然构造简单，但已经具有了可以输送水分和营养物质的根茎。同时，苔藓植物的高度也有所增加。陆地在被植物覆盖后逐渐形成了土壤，也可以储存雨水了。大陆上逐渐具备了适合无脊椎动物生存的必要条件。在志留纪晚期，蜘蛛、蜈蚣、陆生蝎子等陆生节肢动物大量地出现。与此同时，有颌鱼类也在这一时期出现。

树木在泥盆纪第一次出现。图中是古羊齿属植物的枝叶化石。

泥盆纪

鱼类在泥盆纪（距今 4.16 亿~ 3.59 亿年）发展壮大，这一时期也被称为“鱼类时代”。泥盆纪时期的大多数鱼类，如盾皮鱼，都早已灭绝了，但同样是在泥盆纪出现的腔棘鱼至今仍然活着，并且构造几乎没有变化，因此腔棘鱼也被认为是活化石。大约 3.75 亿年前，陆地上开始出现脊椎动物。

第一条上岸的鱼

脊椎动物的上岸是陆生动物进化史中一个重要的里程碑。曾经，我们缺少化石显示鳍是如何进化为腿的。但是，来自美国的进化生物学家尼尔·苏宾一直在不懈地为之努力。终于，他在加拿大北部努纳武特埃尔斯米尔岛的泥盆纪河床中找到了该类化石。这一河床距今有 3.75 亿年，苏宾在这里挖掘了 4 年才终于找到一种名叫“提塔利克”（因纽特语，意思是“很大的淡水鱼”）的生物化石。它具有鱼鳞和鱼尾，但却拥有两栖动物的脖子。除此之外，它还同时具有肺和鳃，可以用前鳍涉过泥浆，甚至还可以从浅水区域向陆地上移动。这种生物的解剖结构与鸟类、马类和人类相同。我们可以看出，提塔利克鱼证实了陆生动物是由海洋动物进化而来的这一理论。

提塔利克鱼的前鳍既可以帮助它们在浅水中支撑身体，也可以帮助它们在陆地上移动。渐渐地，这类鱼的前肢进化成了现在的动物的爪子、翅膀，以及我们人类的手。

专家推测，邓氏鱼可能长达 6 米。现在发现的邓氏鱼化石大多是它们头颈部的外骨骼。它的上颌和下颌长着 4 块骨板，代替了牙齿的功能，这些骨板每咬合一次，都会互相磨砺，非常锐利。邓氏鱼的咬合力非常惊人，可以咬碎任何猎物。

邓氏鱼是泥盆纪最强的肉食性动物，专家猜测它们的主要食物是鲨鱼、三叶虫和菊石。

你知道吗？

一般来说，一个物种向另一个物种的进化是非常迅速的，所以可以显示其过渡环节的化石往往很难被发现。这些缺失的化石通常被叫作“缺失环节化石”。

在石炭纪，地球上出现了许多大型植物。沼泽森林里既有茂密的灌木，也有巨大的乔木。

石炭纪——煤炭时代

石炭纪的巨型蜻蜓——巨脉蜻蜓，其翼展可达70厘米。

石炭纪的许多蕨类植物长得像树一样，它们的化石在许多煤矿中都被发现过。

在距今3.59亿至2.99亿年前的石炭纪中，各个大陆板块是连接在一起的，被称为“泛大陆”。后来，泛大陆逐渐分成两块，一块位于南极附近，被冰雪覆盖，另一块则位于赤道附近。

在富氧空气中疯狂生长的生物

在石炭纪时，地球沿海地带布满沼泽，热带雨林生长旺盛（这些雨林树木后来变成了煤矿资源）。这些森林释放了大量氧气，使大气中的氧气含量增加到了30%，这明显高于今天空气中21%的含氧量。现今的含氧量通过影响无脊椎动物的呼吸系统发育，从而控制了它们的体形。但是在石炭纪的富氧环境中，动物们可以生长得非常巨大。那时，巨型蜻蜓在空中自由飞翔，陆地上到处都是巨大的蜘蛛，蜈蚣可以长到2.5米长，蝎子的体长可以达到1米。

卵的进化

石炭纪的环境大大加速了动物进化的过程。泥盆纪时期出现的四足动物逐渐进化成了爬行动物，它们是最先开始在陆地上产卵的动物。它们的卵很特殊，是被坚韧的皮革状物质或坚硬的石灰质外壳包裹着的。这种卵也被称作“羊膜卵”，它的卵壳可以防止胚胎失水。卵中的卵黄可以为胚胎发育提供必需的营养。与两栖动物不同的是，两栖动物只能在岸边生活，因为它们必须在水中产卵。而爬行动物有了被羊膜卵，从此它们可以在岸上生活。后来，许多爬行动物甚至放弃了产卵，而是让胚胎在体内发育完全后直接产出体外。

石炭纪可不适合害怕昆虫和节肢动物的人生活。当时的一种巨型节肢动物——古马陆，可以长达2.5米，它们在丛林底层穿梭，并以腐烂的植物为生。

化石能源

煤和石油之所以被称为“化石燃料”，是因为它们来自原始生物的尸体。通过燃烧这些燃料，我们得到光能和热能，这些能量都是数百万年前就储存在动物与植物中的。除此之外，煤和石油还是颜料、塑料和药物的重要原材料。

从浮游生物到原油

在远古海洋中（不仅是石炭纪时期）生活着许多微小的随水漂流的动植物，它们大多数在显微镜下才能被看见，死后会和别的沉积物一起沉入海底。部分沉积物源于陆地上被侵蚀的岩石，随着风和水进入海里，最后和沙子、泥浆一起沉入海底。沉积物经过数百万年的变化逐渐转化为岩石，其中的有机物则变成了石油。这些石油在多孔的岩石中流动、渗透，直到下沉至不渗透层，在那里聚积形成油田。当我们燃烧化石燃料（如石油和煤炭）时，数百万年来被锁在其中的温室气体二氧化碳（CO_2）也被释放出来了，这会导致全球气候变暖，并且其后果非常严重。此外，石油和煤炭资源并非取之不尽、用之不竭。再过几十年，化石燃料资源就将面临枯竭，所以开发利用太阳能、水能和风能这些可再生资源迫在眉睫。

植物到煤炭的转化

石炭纪时死去的巨大乔木和灌木在与氧气隔绝并经过沉积物的重压后，先是转化成泥炭、褐煤，再转化为石炭，如果温度和压力足够高，有的甚至会完全转化为黑色的亮煤（无烟煤）。转化成的煤颜色越深，含碳量就越高。因此，我们今天燃烧的煤炭所产生的能量，正是远古植物从太阳中获得的能量。

在煤矿开采场中找到的小煤块上，还经常能看见来自石炭纪的树皮和叶子的印迹。

你知道吗？

德语的“煤炭”一词源于拉丁语“carbo”。

基龙（又名帆龙）是植食性动物。它的背帆很有可能具备调节身体温度的功能，并且可以帮助求偶。

二叠纪——物种大灭绝

在二叠纪（距今 2.99 亿~ 2.52 亿年），地球上的陆地是一整块的超级大陆，即泛大陆。曾经，地球的南半球大部分区域处于冰冻状态，然而在二叠纪前期，气候变暖导致冰川和极地冰层融化，海平面大幅上升。

泛大陆中心的大片地区位于赤道附近，离海非常远，云雾和雨水都无法到达，这里只有不适宜生存的又热又干的沙漠。在较为温和或稍寒冷的地区，除了针叶树外，还生长着舌羊齿植物群。该植物群包括大多数舌羊齿植物，它们可以很好地适应大陆上的季节性温度变化，会随着环境变化落叶，并在树干上长有显示年龄的年轮。这些植物大多数变成了煤炭。

赤道上的欧洲

现在的中欧和西欧在当时位于赤道附近，在泛大陆的东部边缘。一些地区（如现在的德国）原本是浅海，由于干燥和炎热的气候逐渐干涸，形成了厚厚的盐层，那时的海洋中生活着许多奇特的生物，如皱纹珊瑚和三叶虫。现在，我们都只能从化石中认识它们。当时的腕足类动物种类多样，并且分布广泛，现在它们的种类与数量都大大减少了。

似哺乳类爬行动物

渐渐地，巨大的针叶林被平原所替代。两栖动物因为依赖水进行繁殖，所以随着雨水的减少，它们的数量也变少了。相反，爬行动物征服了陆地。一些爬行动物，如兽孔目动物，开始具有类似哺乳动物的特征。它们中既有肉食性动物，也有植食性动物。专家推测，至少有一部分兽孔目动物是温血动物，具备调节自身体温的能力。所以，当大多数原始爬行动物在寒冷中进入休眠状态时，兽孔目动物仍

这是谁的脚印？

这些在美国新墨西哥州发现的足迹化石很有可能来自一种异齿龙。这是它们在二叠纪晚期跑过柔软潮湿的海滩时留下的足迹。

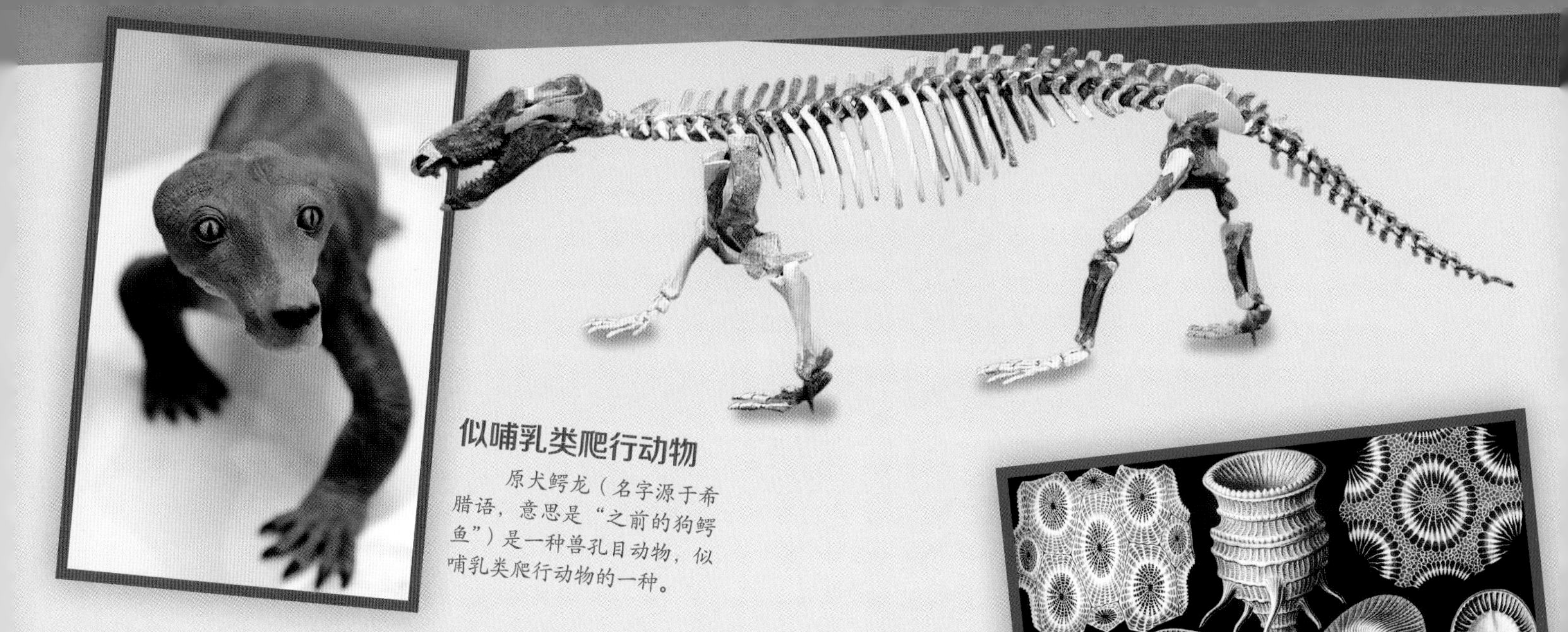

似哺乳类爬行动物

原犬鳄龙（名字源于希腊语，意思是“之前的狗鳄鱼”）是一种兽孔目动物，似哺乳类爬行动物的一种。

然可以自由活动。这使得兽孔类动物成为成功的动物类群。但是，一场突如其来的灾难中断了它们的发展。

大灾难

在二叠纪晚期，地球发生了一场大规模的生物灭绝，95% 的海洋生物和 70% 的陆地生物都消失了。最可能的原因是当时西伯利亚暗色岩地区猛烈、持续的火山大爆发。这场火山大爆发和普通的火山爆发不同，它持续了几十万年，喷发的岩浆覆盖了 700 万平方千米的地球表面。与此同时，火山喷发还释放出了大量二氧化碳和二氧化硫，这导致地球的平均温度上升了 5 摄氏度！也许还有别的原因，比如一颗大陨石撞击了地球，导致了这场地球历史上最大规模的生物灭绝。随着二叠纪的结束，地球也结束了“古生代”，三叠纪拉开了地球的“中生代”的序幕。这场发生在 2.52 亿年前的物种大灭绝也被称作“二叠纪－三叠纪灭绝”。

物种大灭绝

恩斯特·海克尔（1834—1919）在 1904 年出版的《自然的艺术形式》一书中记录了在二叠纪末期灭绝的皱纹珊瑚的化石的相关内容。

弱肉强食的世界

坚固的头骨和锋利的牙齿让异齿龙成为最危险的猎手之一。它们的背帆可以帮助它们在清晨快速暖和起来，从而掠食还在寒冷中未苏醒过来的爬行动物。

三叠纪和侏罗纪

真双齿翼龙——它的喙前张有尖牙，很有可能生活在海边，能飞快地将鱼从水中衔出。它的第一块化石是1973年在意大利阿尔卑斯山边缘被发现的。

现在我们对恐龙所了解到的一切，都来自中生代的化石发现。中生代分为三叠纪（距今2.52亿~2.01亿年）、侏罗纪（距今2.01亿~1.45亿年）和白垩纪（距今1.45亿~6600万年）。恐龙对地球的统治从三叠纪开始，时间长达1.6亿年。当时，地球上的所有大陆都是连成一片的，因此，地球上的第一批恐龙—原蜥脚类恐龙，得以遍布世界各地。

这也解释了为什么在今天所有的大陆上都可以找到最早的恐龙化石。最早的恐龙种类之一是“始盗龙”（对于当时的动物来说，始盗龙这一物种的出现就相当于一个突然入侵的强盗，所以科学家把它命名为“始盗龙”），它们的体长只有1米左右，行动敏捷，可以用两条腿站立。它们的长尾巴能帮助它们在奔跑中保持平衡，并迅速改变方向。

空中猎手

在三叠纪的晚期，出现了第一种可以飞的恐龙——真双齿翼龙。它们全长（从喙到尾尖）仅有70厘米。它们紧绷的皮膜可以让它们很好地滑翔，从它们的骨骼也可以看出，它们可以主动振翅飞行。

恐龙的食物

泛大陆的内陆地区主要是宽广的沙漠，但是在沿海与河谷地区仍然有茂盛的植物，它们主要是蕨类植物和乔木，比如银杏和针叶树。植食性的蜥脚类恐龙便以这些植物为生。从化石中，我们还发现了肉食性恐龙的食物：昆虫、青蛙以及一些较小的爬行动物，甚至包括乌龟。

你知道吗？

所有的恐龙都是陆地动物。翼龙、鱼龙和海龙都不是恐龙。

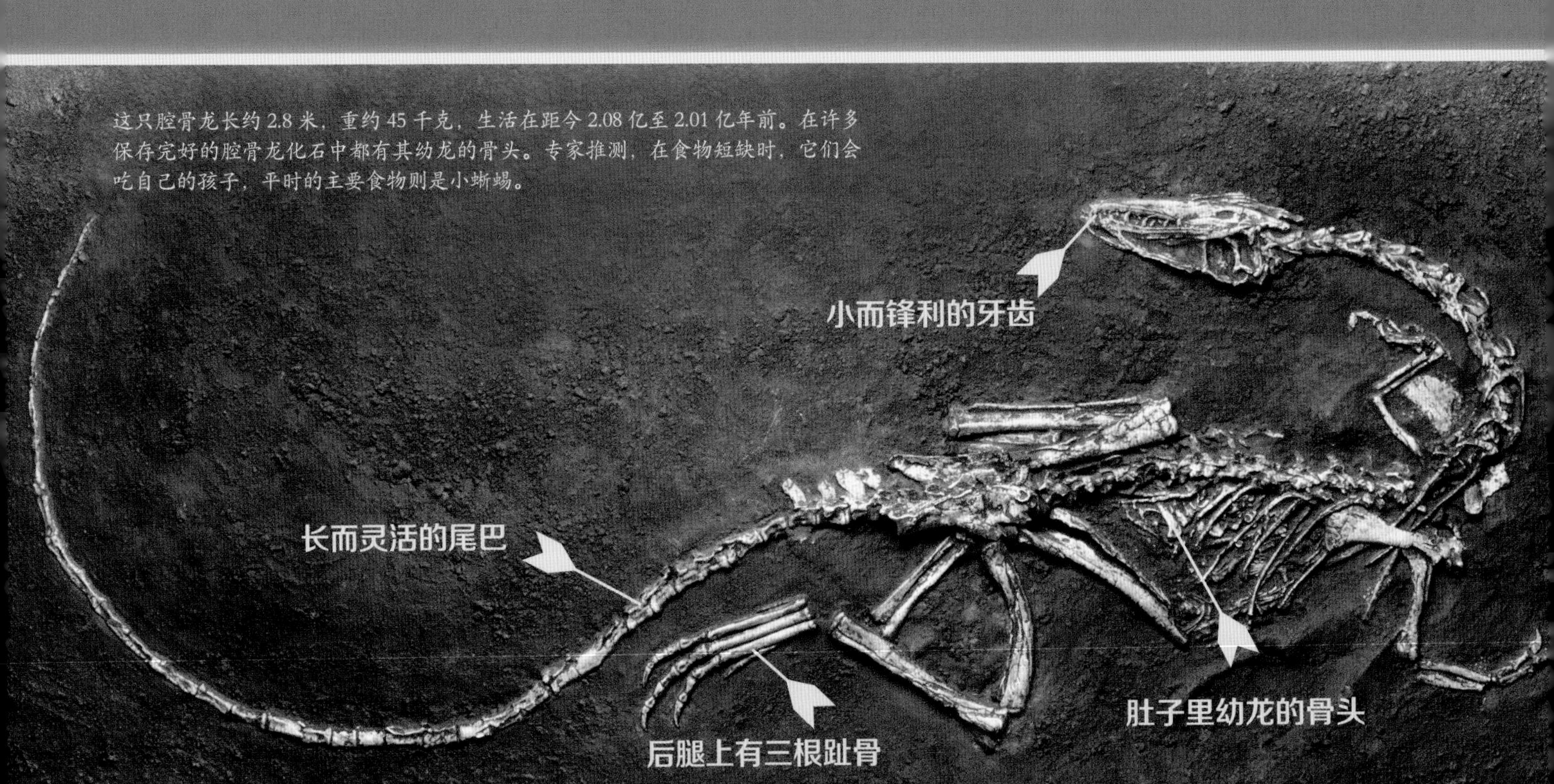

这只腔骨龙长约2.8米，重约45千克，生活在距今2.08亿至2.01亿年前。在许多保存完好的腔骨龙化石中都有其幼龙的骨头。专家推测，在食物短缺时，它们会吃自己的孩子，平时的主要食物则是小蜥蜴。

犬领兽，属于犬齿兽类，兽孔目动物中的一种。它们在二叠纪的物种大灭绝中存活了下来。这种兽孔目动物逐渐进化成了后来的哺乳动物。

越来越大、越来越重的恐龙

恐龙真正的繁盛时期是侏罗纪。在三叠纪时期，泛大陆开始逐渐分裂，到了侏罗纪，陆地之间已经形成了新的海洋。沙漠渐渐消失，气候变得越来越潮湿、温暖，郁郁葱葱的热带植物开始出现。这为植食性恐龙提供了充足的食物，于是，它们的体形越来越大。当然，巨型恐龙消耗的能量也很多，它们需要在短时间内吞食大量植物，来不及慢慢咀嚼，这些食物只能在胃里慢慢消化。侏罗纪是属于巨型蜥脚类恐龙的时代，如梁龙和腕龙。通过观察它们的脊椎骨，专家们推测，一些蜥脚类恐龙曾试图努力伸展它们的脖颈去够长在高处的枝叶。有些植食性恐龙还会用它们巨大的体形和像鞭子一样的尾巴来抵御同样不断变大的肉食性恐龙。大型肉食性恐龙，如异龙，也在为了生存不断努力，它们在食物抢夺中有时也会受伤，甚至是死亡。这些肉食性动物的化石向我们展示了它们那些已经愈合的伤口的来由，以及它们曾经历过的失败的战争。

成功的秘诀

恐龙的化石为我们揭示了它们之所以能长时间统治地球的原因。恐龙的腿在身体正下方，而不是像蜥蜴和鳄鱼那样横在身体侧面，因此它们可以轻松将身体抬离地面，这让它们可以更迅速、更方便地移动。同时，恐龙柱状的腿也可以更好地支撑起自己庞大的身体。这是它们可以拥有巨大体形的前提条件。化石还透露了许多恐龙在群落中行为模式的信息。比如，有些蜥脚类恐龙的足迹化石显示它们过着群居生活，而且它们还会将需要保护的幼小恐龙保护在群落中间，就连那些大型肉食性恐龙在面对这些巨型恐龙时也束手无策。除此之外，恐龙比普通蜥蜴还多一个优势——许多恐龙都有羽毛保暖。现在会飞的鸟儿，它们是恐龙唯一存活的后代！

令人惊叹的大骨头！

2014年，古生物学家在阿根廷发现了有史以来最大的恐龙化石。他们推测这根大腿骨应该属于一只长40米、重80吨的恐龙。古生物学家还在附近找到了7具巨型植食性恐龙的骨头，它们也许是死于水源枯竭。

这些圆形大坑正是植食性蜥脚类恐龙的典型脚印。

小小的头
长长的脖子
像鞭子一样的尾巴
有力的大腿

超声速的恐龙。梁龙虽然不是最大的恐龙，但却可以说是最有名的恐龙。专家推测，它能以超声速甩动尾巴，产生声爆（物体运动速度达到一定值时产生的如雷鸣般的爆炸声）。

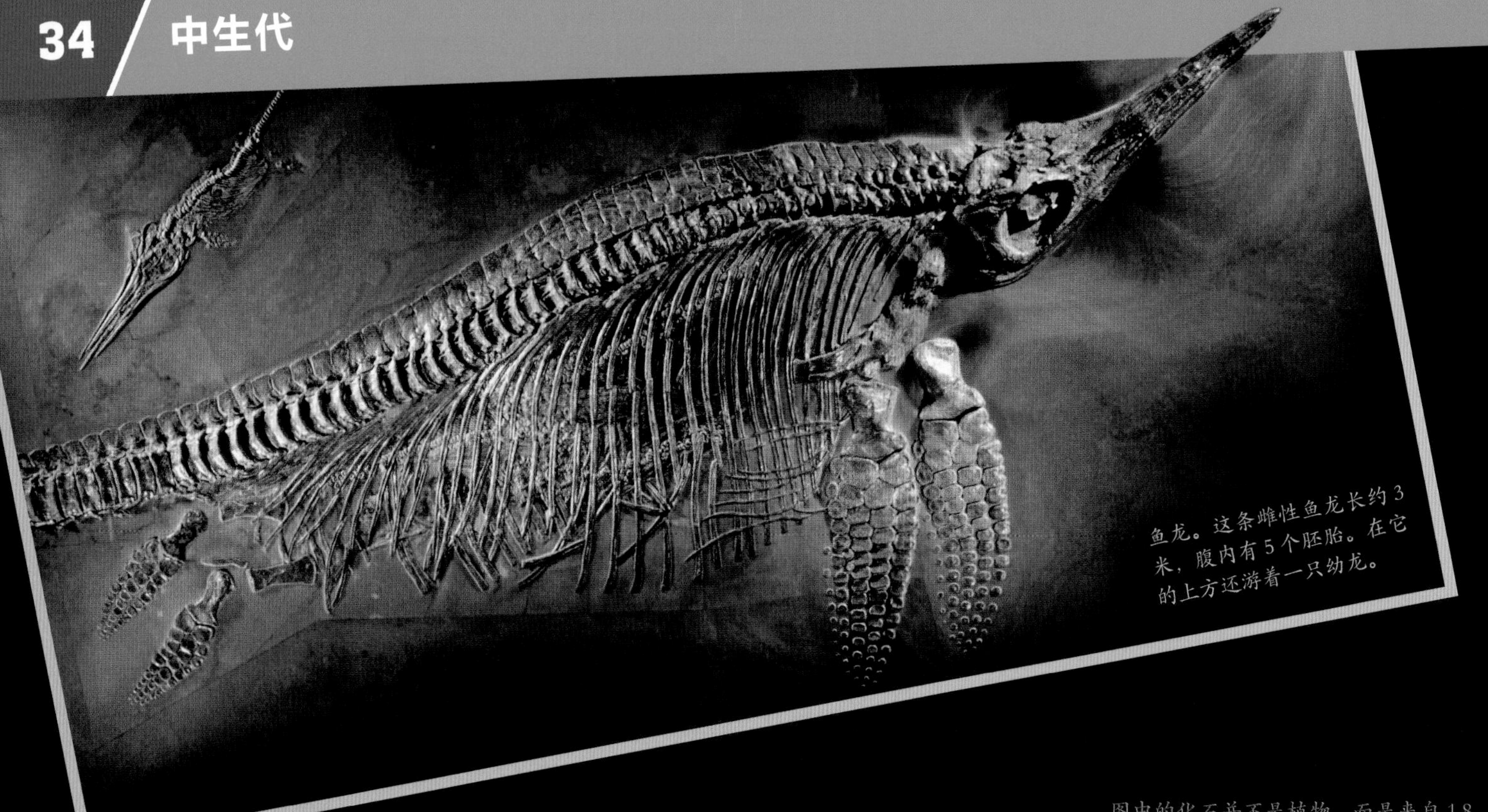
鱼龙。这条雌性鱼龙长约3米，腹内有5个胚胎。在它的上方还游着一只幼龙。

侏罗纪的发现地

图中的化石并不是植物，而是来自1.8亿年前在原始海洋中漂浮着的树干上附着的一群动物。单个的这种巨型海百合的茎可以长达15米，茎的末端还有1米宽的冠。仅仅是在研究前清理、还原这些化石，科学家就花了18年的时间。

在德国南部有不少著名的侏罗纪时期遗留下来的痕迹，虽然不一定总是巨型恐龙的化石，但在巴伐利亚州的索伦霍芬和巴登－符腾堡州的霍罗兹马登都曾发现过令人震惊的化石。

霍罗兹马登遗址——远古海洋中的生命

1.8亿年前，当泛大陆逐渐解体时，几乎整个欧洲都淹没在了侏罗纪时期的海洋中，今天的德国南部在当时就位于浅海区域。于是，后来著名的化石遗址——霍罗兹马登遗址就这样形成了。这里出土的化石都保存得异常完整，因为这里海底的含氧量极低，所以沉入海底的动物遗体没有腐烂，并且这里的海底没有食腐动物，所以动物遗体也不会被吃掉。此外，这个地区的沉积物颗粒非常细，很容易就能进入动物尸体的腔孔中，而且这片海域几乎不受洋流影响。由于以上种种原因，这里有许多动物的遗体都被完整无缺地保存了下来。

索伦霍芬——发现化石的时机

1859 年，人们在德国索伦霍芬的石灰岩中发现了第一块始祖鸟的化石。始祖鸟的德语“Archaeopteryx”原意是“古老的翅膀”。这块“原始鸟类”的化石之所以闻名于世，是因为它很好地证明了达尔文的物种进化理论。这块化石被发现的时间仅在达尔文《物种起源》一书出版的两年后。始祖鸟既有爬行动物的特征，也有鸟类的特征。它们和今天的鸟类一样长着羽毛，但它们的前肢上有像恐龙一样的爪子，喙中还长着牙齿。目前尚不清楚始祖鸟是否能从地面飞升到空中，有人推测它们或许只能从树上或悬崖上跳下，然后滑翔。迄今为止，一共发现了 12 个完整的始祖鸟化石，它们全部出土于德国南部。

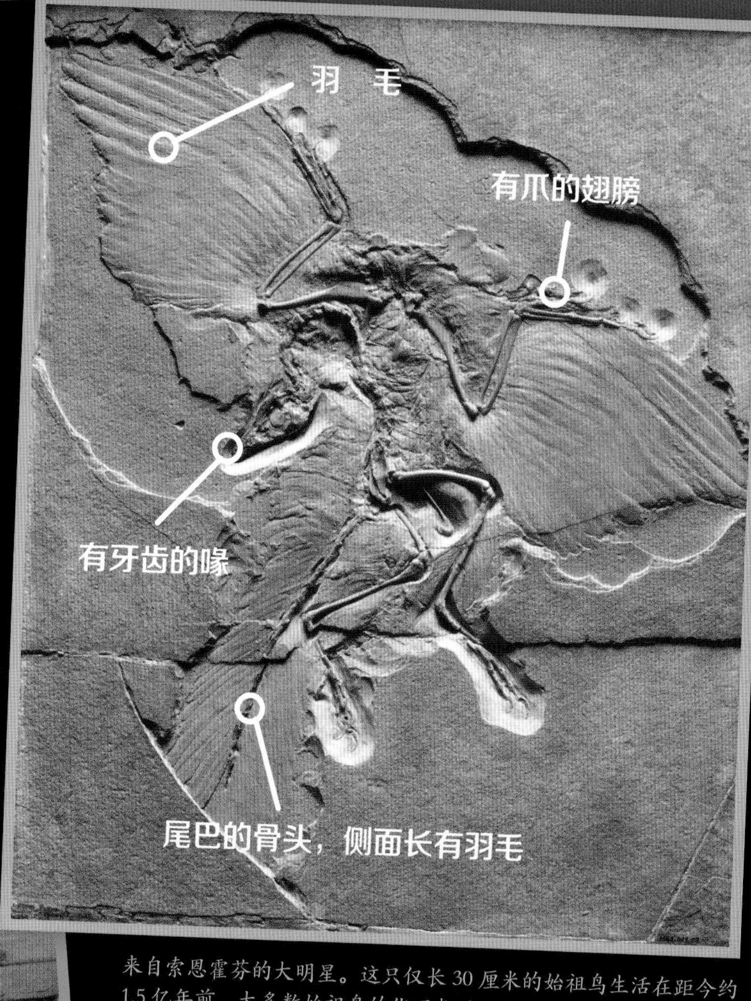

来自索恩霍芬的大明星。这只仅长 30 厘米的始祖鸟生活在距今约 1.5 亿年前。大多数始祖鸟的化石都显示它们的颈脊向后弯曲，而这是在它们死后才形成的。

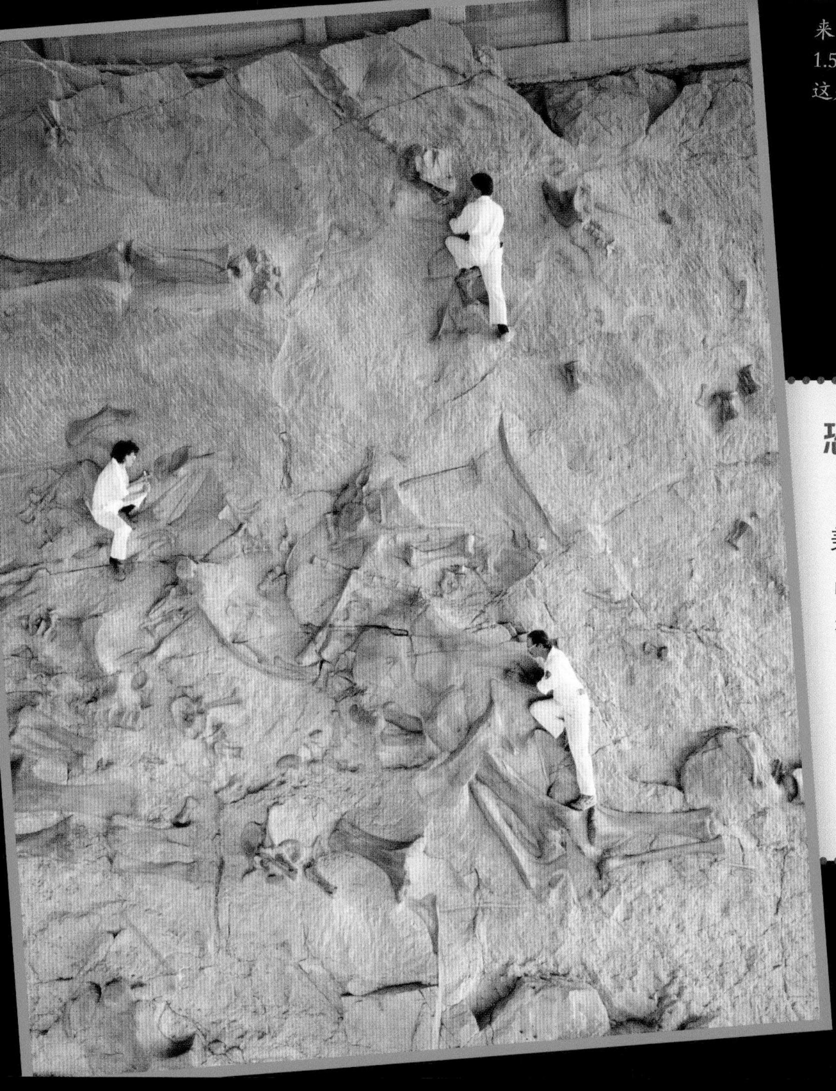

恐龙国家纪念馆

那些想参观恐龙骨骼化石的人一定不能错过横跨美国犹他州和科罗拉多州的恐龙国家纪念遗址。这块占地 800 平方千米的恐龙遗址于 1909 年被发现。最初，人们是在卡内基采石场一个斜坡上，在很小的范围内发现了大约 1 500 块骨头。它们分别来自异龙、梁龙、剑龙、迷惑龙和圆顶龙——都是些特别著名的大型恐龙。这些化石有 1.49 亿年的历史，全部来自侏罗纪。

白垩纪——恐龙的末日

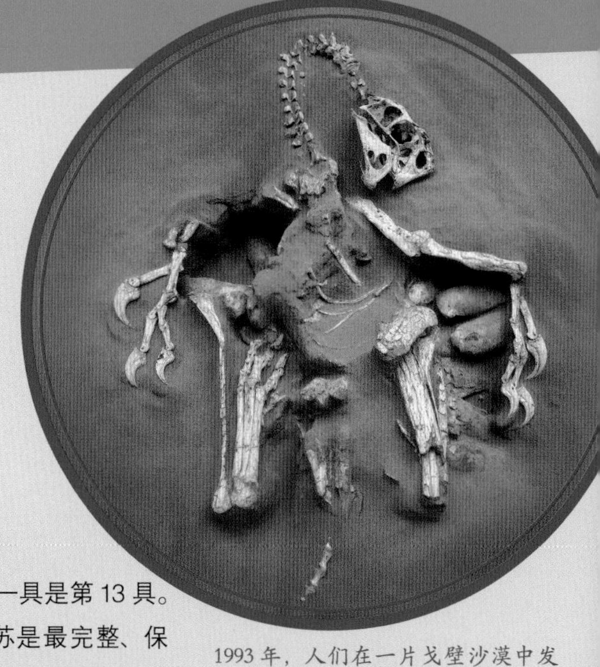

1993 年，人们在一片戈壁沙漠中发现了这个惊人的窃蛋龙化石。这只窃蛋龙正用它的前肢保护着自己的蛋，正如现在的鸟类保护自己的巢一样。

在白垩纪（距今 1.45 亿～6600 万年）的沉积物中，我们发现了各种各样生物的化石，如贝类动物、蜗牛、鲨鱼和箭石（一种头足类动物），甚至还有著名的三角龙和霸王龙。

世纪大发现

1990 年 8 月，苏·亨德里克森和彼得·拉森两位古生物学家实现了他们的梦想，他们在美国南达科他州发现了完整的霸王龙骨骼化石。他们把它命名为“苏”。在此之前，人类只发现了 12 具霸王龙骨骼的化石，这一具是第 13 具。经过 17 天的挖掘，他们发现苏是最完整、保存得最好的霸王龙骨架。其中 90% 的骨骼都得以保存，只有一些较小的骨头丢失了。水和泥沙在苏死后很快就将它全部包裹了起来，所以它的遗体没有被吃掉或者损坏。这真是太幸运了！

在白垩纪的化石中，箭石和其他海洋生物的出现频率比霸王龙要高很多。它们和恐龙一起，大约在 6 600 万年前灭绝。

苏·亨德里克森（左）和她发现的霸王龙苏（下）。苏体长 13 米，高 4 米，是现在发现的最大最完整的霸王龙骨架。但是，研究人员至今仍然不确定苏的性别。

苏的争夺大战

苏的出土让所有人都无比震撼，但这也引发了后来关于苏所属权的激烈争夺大战。虽然在挖掘之前，挖掘队已经付给了土地所有人 5 000 美元，但这名苏族印第安土地主仍然认为这些化石应当属于他。之后，印第安保护区以及国家部门也加入了这场争夺大战。1992 年，联邦调查局和国民警卫队没收了苏的骨架化石，将其装在 135 个箱子里全部运走了。这场争夺大战以一场法庭审理告终，最后，地主赢得了苏的所有权，并允许将苏出售。1997 年，这副骨架在纽约苏富比拍卖中心进行拍卖，芝加哥国家历史博物馆以 800 万美元的价格拍得了苏。

生死之战

这块化石非常罕见，它为我们重现了一个戏剧性的瞬间。1971年，古生物学家在戈壁沙漠中发现了这块化石，它包含两具互相缠绕的骨骼——一只伶盗龙侧躺在地上，而一只原角龙也扭着身体趴在它的身边。伶盗龙如镰刀般的利爪刺入了原角龙的腹腔，而原角龙也反过来咬住了攻击者的一只爪子。它们可能互相僵持到了对方死亡。最后，一场沙尘暴将它们的尸体掩埋了。

一个杀手的艰辛生活

苏的骨架化石向我们诉说了一个艰辛的故事，从它的骨架中不难看出，它承受了许多痛苦。虽然苏重达6吨，但它两边的肋骨都曾在战斗中断裂过，由此可见，苏的对手一定也非常强壮。苏的前肢和腿部骨骼都曾受过感染，椎骨也出现了病理性增厚。它的下颌骨上还有一个手指大小的洞——这很有可能是毛滴虫通过苏口腔内的伤口进入它的腭骨，在侵蚀后留下的痕迹。

恐龙的末日

在迄今为止发现的恐龙化石中，最年轻的大约也有6 600万年。很明显，恐龙在白垩纪末期灭绝了。一定是那时发生了一场波及所有大陆的大灾难，然而至今专家们也不确定当时到底发生了什么。但是专家们发现，在距今6 600万年的沉积物层中含有非常多的金属元素铱。在地球上，铱是一种稀有元素，但在陨石中颇为常见。

大灾难

专家推测，我们的星球在当时可能被一颗直径约为10千米的陨石击中了，它大概降落在今天的墨西哥尤卡坦半岛地区。剧烈的撞击造成了一个巨大的陨石坑，并引发了世界各地的海洋海啸。海浪淹没了沿海地区，并夺走了那里的所有生命。此外，大量尘埃在大气中弥漫开来，它们遮天蔽日，使阳光不能直射大地，地球温度因此逐年下降。在白垩纪末期，印度板块向北漂移，这导致火山活动也越来越频繁，地球内部积攒了数千年的岩浆都喷发了出来。火山排出的火山灰和气体进入大气，完全改变了全球气候。陨石的撞击和火山的爆发也让植物生长变缓，影响了整个食物链，植食性和肉食性动物都陷入饥荒。据估计，当时大约一半的物种，其中包括恐龙，都灭绝了。但是有一些从恐龙进化而来的鸟类逃过一劫，存活至今。

这头重达15吨的巨犀是陆地上有史以来最大的哺乳动物。它的肩高5米多，总长有8米。

巨犀的头盖骨长达1.3米，上颌有一个锥形的长角。

哺乳动物的登场

6 600万年前的恐龙灭绝标志着地球中生代的结束与新生代的开始。哺乳动物和鸟类占据了恐龙曾经栖息的地方。

巨大的动物

哺乳动物在三叠纪时期就出现了，然而那时的它们大多比老鼠还小，而且几乎只在夜间活动。那时，只有在大多数恐龙休息后，哺乳动物才会出洞。在恐龙灭绝后，出现了一种和水牛一样大的啮齿动物，它是一种巨型豚鼠，体长可达3米，重700千克。那时的地球环境让许多动物的体形变得异常巨大，不仅植食性动物如此，肉食性动物也是如此。大约4 000万年前，地球上出现了有史以来最大、最可怕的肉食性哺乳动物——安氏中兽，它们是一种掠食性陆生哺乳动物。但是，地球后来的环境和气候都渐渐开始改变。随着大陆板块的移动，洋流也随之发生了变化，许多地区失去了暖流带来的热量。于是，全球温度一点点下降，而体形小的动物因为需要的热量和食物都更少，

巨型哺乳动物

❶巨犀是现在犀牛的近亲。❷板齿犀也是犀牛属的，大约在5万年前灭绝。现存的犀牛属动物都比它们小一些，如：白犀❸、印度犀❹、非洲黑犀牛❺以及苏门答腊犀牛❻。

生存的概率大大增加，在众多的动物种类中再次占据优势。

灵长类动物的星球

从新生代开始，哺乳动物中出现了一个新的分支——灵长类动物，这个分支对我们人类来说有着非凡的意义。灵长类动物的祖先看起来可能更像老鼠或松鼠，它们逐渐进化成了低等灵长类动物（如狐猴）和高等灵长类动物（包括猴子、猩猩以及人类）。灵长类动物最古老的祖先之一——原猴类的普尔加托里猴，它们只有老鼠大小。通过对它们骨骼化石的研究，我们发现这种动物非常擅长爬树，因此它们可以获得别的动物难以触及的食物。这就是灵长类动物进化故事的开端，这个故事一直发展到了今天，人类出现在世界上。

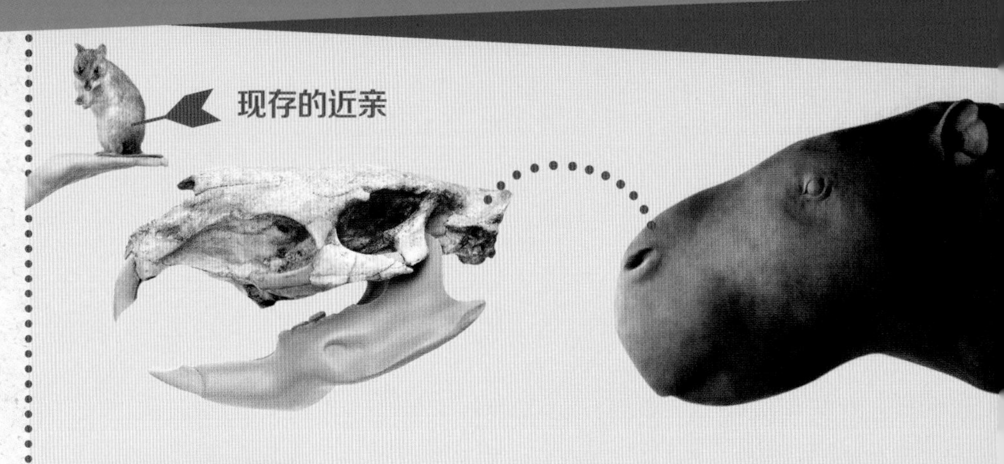

大型啮齿类动物

最大的啮齿动物化石是在乌干达被发现的。这种啮齿动物叫作“莫尼西鼠”，重约 1 吨，属于花背豚鼠科，生活在距今 200 万至 400 万年前的南美沼泽森林中。

可怕的巨型猎手

现在人类对安氏中兽的认识，其实都来自一个 1 米长的头盖骨以及那巨大的下颌。专家据此推测，这种肉食性动物大概看起来像狼，身长大约有 4 米。安氏中兽化石的年龄在 4 100 万到 4 600 万年之间。

以树为家

古生物学家在美国蒙大拿州发现了距今 6 500 万年的灵长类动物的脚踝化石。这种名叫普尔加托里猴的动物大约和现在的松鼠一样大，生活在树上。研究人员对它的骨骼化石进行 X 射线扫描，利用计算机技术将骨骼最精细的细节用三维图展示了出来。研究人员对其手部、脚部的连接处非常感兴趣，因为那里可以显示肌肉的位置和关节的灵活程度。这种动物显然可以转动脚踝，因此它们可以抓住树枝并在树枝上找到落脚点。它们的牙齿较小，这说明它们以水果和昆虫为食。

被冰封的猛犸象

在西伯利亚的永久冻土层中，死去的猛犸象甚至连它柔软的长毛都能得以保存。猛犸象约生活在 15 万年前，绝大部分于 1 万年前灭绝。但是其中一种生活在西伯利亚北部弗兰格尔岛的侏儒猛犸象一直存活到了 4 500 年前。

梅塞尔化石坑。含有石油的页岩保存了动物遗体中的水分，所以化石中也含有水分。在实验室里，研究人员为了让化石长久保存不腐烂，用甘油和人造树脂替换了化石的水分。

新生代化石的发现地

虫翅膀上轻薄的膜都被完整保存了下来。

在世界各地都有发现新生代时期的化石，其中德国梅塞尔化石坑以及美国加利福尼亚州的拉布雷亚沥青坑出土的化石最为丰富。

梅塞尔化石坑

梅塞尔化石坑原本是位于达姆施塔特附近的一个矿场，自19世纪中叶开始被用于炼油工业。1971年，工厂关闭了，这个矿坑原本计划改建成一个生活垃圾填埋场，但因为垃圾并未经过环保处理而遭到市民和科学家的极力反对。今天，梅塞尔化石坑已经变成了和美国黄石国家公园间歇泉、坦桑尼亚塞伦盖蒂国家公园的动物大迁徙齐名的世界自然遗产。

热带动物天堂

梅塞尔化石坑是这样形成的：4700万年前，滚烫的岩浆流入地下水中引发了蒸气爆炸，形成了一个圆形的坑。后来，这个大坑中渐渐蓄满了水，形成了湖泊。当时这个湖泊比今天更靠近南方，大约与今天的那不勒斯（意大利南部的一个城市，位于北纬40° 51′）的纬度差不多。当时的气候也比现在更温暖，热带气候覆盖的地区很广，在梅塞尔湖泊周围环绕着郁郁葱葱的

专家从化石中发现，这条蛇吃了一只蜥蜴，而这只蜥蜴吃了一只小虫。

双犬齿鳄的化石，我们可以清楚地看到它背部的角质鳞片。

始祖马

始祖马大约只有狐狸那么大。专家在目前的70个始祖马化石中发现，其中一些的胃里有未消化的葡萄籽。

类人猿

在梅塞尔化石坑中发现了一种早期灵长类动物的化石，它被命名为“艾达（Ida）”。化石中不仅保存了它的骨头，甚至还有它的毛发和部分肌肉组织。人们可以通过X射线穿透沉积物去观察它。

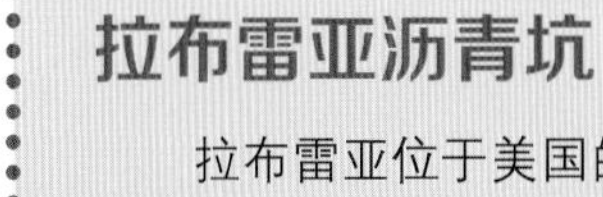

热带植物。在接下来的200万年里，沉积物慢慢沉淀，将湖泊渐渐填满。这些沉积物中包含了大量动植物的遗体。当时的湖泊里生活着长达4米的亚洲鳄，它可以吃青蛙、龟以及一切硬骨鱼类；河岸上密布着棕榈、蕨类和藤本植物，巨蛇在其中穿梭；茂密的森林里始祖马嚼着灌木上的新叶；这里还生活着原始鸵鸟、火烈鸟以及一种2米多高的戈氏鸟。戈氏鸟因为体重太重而无法飞行。

纤毫毕现

许多在梅塞尔化石坑中发现的化石甚至可以看见动物皮肤的阴影、毛发和羽毛。这些化石之所以能保存得如此完好，是因为梅塞尔湖泊非常深——它只有约1000米宽，但却有1450米深。热水层稳定地位于冷水层上方，几乎没有混合，在湖泊深处氧气很少，只有厌氧微生物可以生存。所以，当动植物遗体沉入这个湖底后，它们几乎不会再腐烂。这些保存完好的化石描绘出了当时德国中部热带雨林的全貌。

拉布雷亚沥青坑

拉布雷亚位于美国的洛杉矶市。在繁华的大都市洛杉矶的地下，曾存在过古老的液态沥青。在4万到1万年前，沥青坑曾是冰川时期动物们的致命陷阱。乳齿象、剑齿虎，甚至是身长1.8米的巨型树懒都曾在此丧命，并最终形成了化石。还有一些较小的化石，如昆虫、老鼠的牙齿等，也在这里被发现过。至今为止，在这里出土的化石已重达100吨。此化石遗址是在1915年的一处建筑工地中无意间被发现的。迄今为止，人们从中发现的动植物已有650多种。

猿人化石——一切的开始

迄今为止发现的最了不起的化石无疑是人类及其近亲的化石，如果这些化石能完整保存人类身体的骨骼，那它更加是举世闻名的大发现。露西（Lucy），就是这样一个了不起的发现。露西是一个南方古猿，于 1974 年在埃塞俄比亚被发现。虽然当时找到的只是她一些牙齿和骨头的碎片，但是经过古人类学家的研究，人们最终将她数百块骨头碎片拼凑在一起，还原出了一个几乎完整的头骨。如今，我们可以借助三维技术对化石碎片进行精准的扫描，再在计算机上进行模拟组装，从而减少对珍贵的化石原件的使用。

化石讲述的故事

从古人类的化石中，我们可以了解到很多我们祖先的饮食习惯和生活方式，每一个新的化石发现都可以更新我们对人类进化历程的认识。人类的直立行走是人类进化史上具有决定性意义的一步。无论是阿法南猿的身体化石，还是在坦桑尼亚发现的距今 360 万年的化石脚印，这些都印证了阿法南猿已经能够直立行走。这种两腿直立行走的模式使他们能够在开阔的草原上生活，让他们的手变得更加灵活，生活质量也大幅提升。大约在 280 万年前，鲁道夫人（因生活在鲁道夫湖，即现在的图尔卡纳湖附近而得名）正式登上了人类进化的舞台，成为真正的人类——他们灵活的双手以及不断发育的大脑让他们学会了利用木头、骨头和石头制造工具。最早的原始石器就是鲁道夫人和能人制造的，一些动物骨骼化石的切割痕迹也表明，那时他们已经学会使用石刀对猎

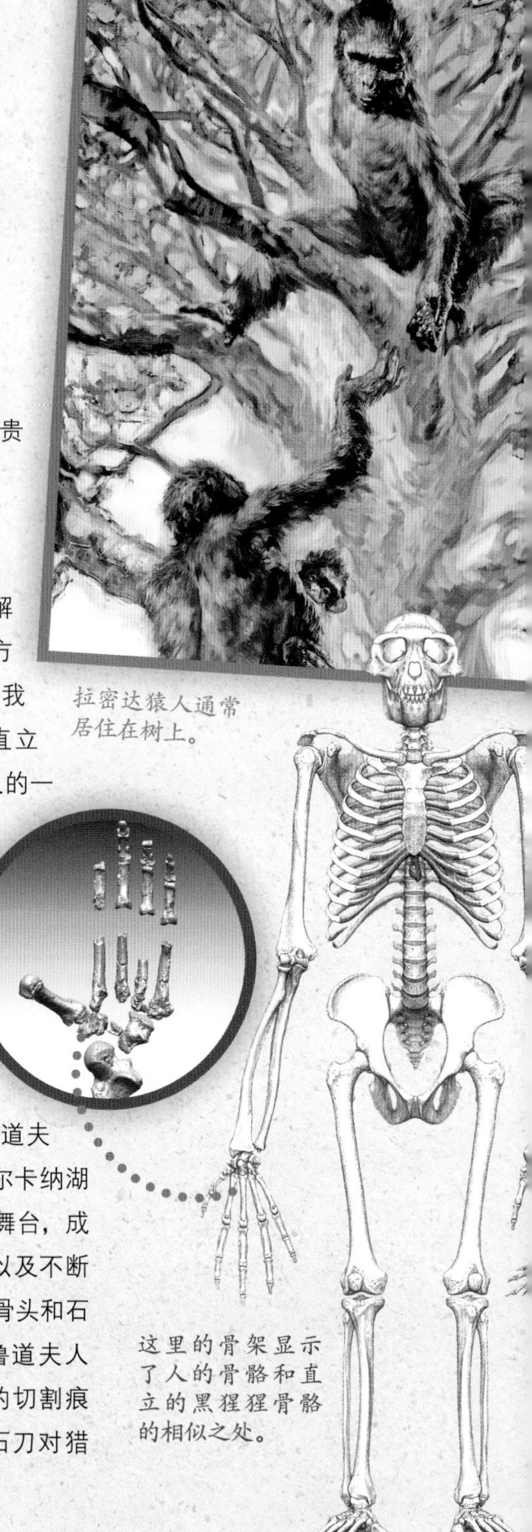

拉密达猿人通常居住在树上。

这里的骨架显示了人的骨骼和直立的黑猩猩骨骼的相似之处。

露西是南方古猿，于 1974 年在埃塞俄比亚被发现。在坦桑尼亚也发现了同种南方古猿的足迹。

埃塞俄比亚傍人生活在 230 万至 280 万年前，他们是人科中一个已经灭绝了的分支，并不是现在人类的祖先。从其头盖骨的构造，专家可以发现他们的颌部有着强有力的肌肉，这可能是因为他们常常用臼齿咀嚼植物。

物进行切割了。在非洲肯尼亚图尔卡纳湖西岸，人们还发现了一具人类的骨骼化石，这个人类被取名为“图尔卡纳男孩”，他属于匠人（人科的一个物种），生活在距今 150 万年前。他的骨骼显示出他可以跑得很快，并且是个工具制造能手。

不断迁徙的人类

所有超过 190 万年的人类化石都起源于非洲，其中在乍得（非洲中部的一个内陆国家）发现的一块人类头盖骨化石是最古老的，它有 600 万至 700 万年的历史。其他超过 190 万年的人类化石分别来自肯尼亚、埃塞俄比亚、坦桑尼亚、马拉维和南非，所以非洲也被称作“人类的摇篮”。在那里，最初的人种进化成了直立人，并且离开了他们最初的家园非洲，前往亚洲和欧洲。这并不是他们自愿的，而是为生计所迫。为了寻找足够的水源和食物，他们一代又一代不断地迁徙。在格鲁吉亚发现的一块直立人化石有 185 万年的历史，是在非洲以外发现的最古老的直立人化石。迁徙的族群不断分化，并形成了欧洲的海德堡人、亚洲的北京人和爪哇人。但是，后来又出现了另一种人类，他们逐渐征服了整个地球。他们就是“现代人”。

你知道吗？

人科动物包括今天生活的人类以及傍人、南方古猿、肯尼亚平脸人、地猿、乍得沙赫人和图根原人。除此之外，大猩猩、猩猩、黑猩猩以及它们的直系祖先其实都是人科动物。

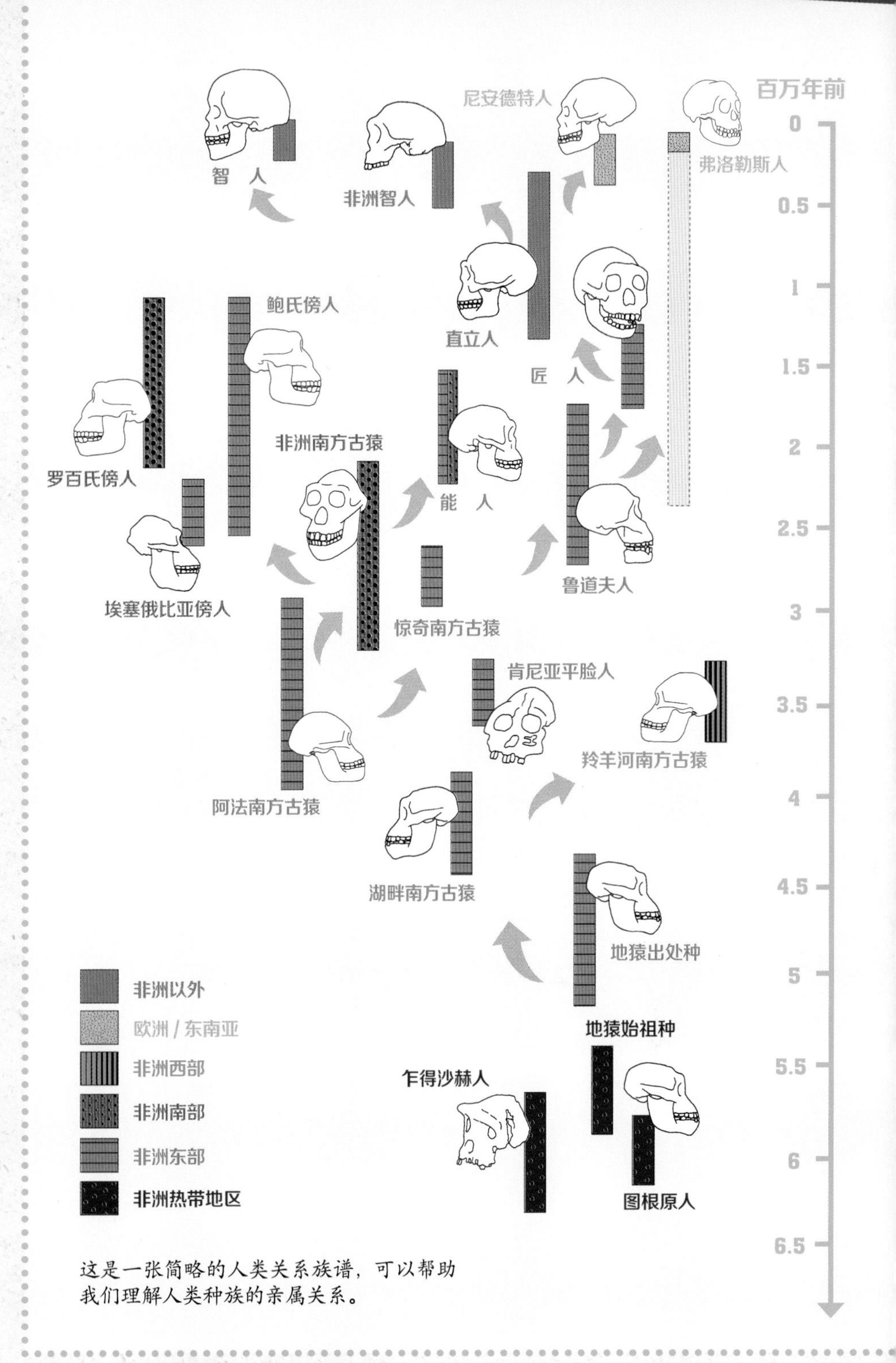

这是一张简略的人类关系族谱，可以帮助我们理解人类种族的亲属关系。

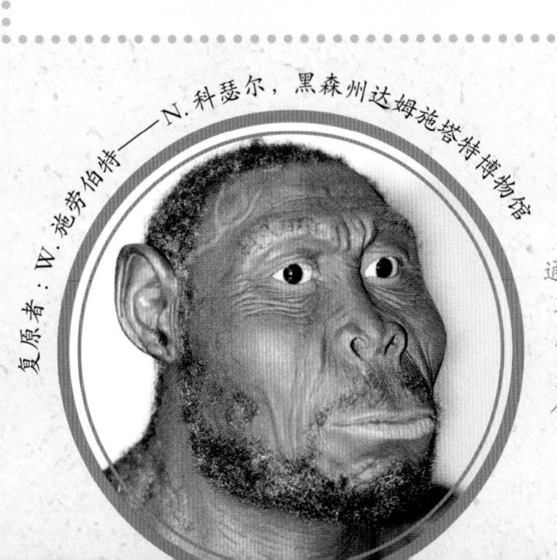

通过鲁道夫人的头盖骨化石，研究人员复原了他们的身体模型，包括肌肉、脂肪和皮肤等，但是他们具体有多少毛发、留什么样的胡子，这些其实都来自研究人员的想象。

尼安德特人很有可能肤色很浅，因为在高纬度地区只有肤色很浅的人种才能合成足够的生存所需的维生素D。

尼安德特人和现代人

尼安德特人的化石是我们目前发现的最早的原始人化石之一，而尼安德特人也是最著名的原始人之一。他们是从欧洲海德堡人进化而来的。尼安德特人是一种进化得非常成功的物种，在距今30万至3万年之间，他们生活在欧洲和中东地区。他们是猎人，也是收藏家，他们存活期间经历了地球上数次冷暖的变化。尼安德特人过着群居生活，住在有壁炉和桌子的营地里。他们不仅会制造工具和武器，还会制造珠宝首饰。考古表明，他们有着独立的文化。研究人员曾在一个尼安德特人的墓室中发现过花粉，并推测尼安德特人会在尸体下葬时用鲜花装饰。当然，也不排除这些花粉是被风吹进墓室的可能性。研究人员还发现了受过重伤的尼安德特人痊愈的证据，这说明他们会在群居生活中互相照顾、互相扶持。在一些尼安德特人的骨头上还有被切割的痕迹，这说明尼安德特人会用石刀切开死去同类的尸体，这可能是一种丧葬习俗。在有些丧葬习俗中，原始人还会吃掉同类的尸体。当然，这一切都只能是猜测，化石并不能告诉我们他们是如何相互交流的，我们只能假设他们已经发明了某种语言。尼安德特人虽然成功熬过了冰川时期，但今天他们已经不复存在了。

现代人的出现

在距今12万到3万年之间的冰川时期有过多次冷暖交替期，但生活在欧洲和中东地区的尼安德特人还是幸存了下来。与此同时，在非洲还进化出了一种新的人类物种——智人（晚期智人在解剖结构上就是现代人）。他们大约出现在20万年前，并在大约10万年前开始离开非洲。智人的足迹遍布

发达的眉峰骨

1856年，一群工人在德国杜塞尔多夫附近的尼安德特山发现了这些骨头。一开始他们还不确定这些骨头是属于洞熊、法国士兵还是原始人，但后来经过研究人员确定，它们属于一种从未发现的人种——尼安德特人。

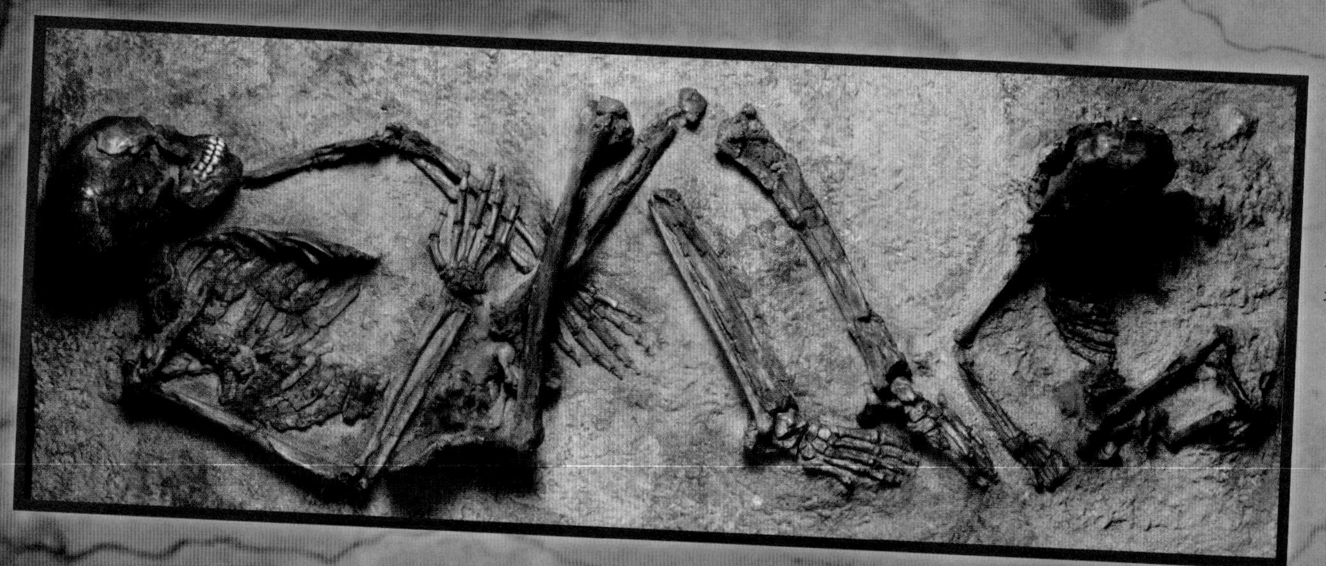

在以色列一个名叫卡夫扎的山洞发现了一个早期智人的坟墓。10万年前，一个年轻女子和一个孩子被埋葬在了这里。

世界各地，他们首先到达了欧洲和亚洲，然后是澳洲和美洲。他们可以去澳洲，这证明他们懂得航海。他们去到任何地方都可以取代当地的其他人类，其中也包括了尼安德特人。这也许是因为现代人掌握了什么尼安德特人所不了解的生存技巧。另一方面，我们也发现这两种人类之间有着密切的联系，他们之间肯定进行过文化交流。

化石遗产

通过比较经过数万年形成的化石，我们可以确定两个物种之间的亲属关系。在西伯利亚丹尼索瓦洞穴中发现的一块 3 万年前的指骨，它证明了现代人种与其他更早的原始人种之间有着血缘关系。从化石中提取的 DNA 也是一个强有力的证据：尼安德特人化石中的 DNA 与现代欧洲人和亚洲人的 DNA 匹配率在 1% 至 4% 之间，然而和现代非洲人的 DNA 没有任何相似之处。这证明，尼安德特人在非洲之外曾与智人“混血”过。虽然地球上曾经有许多不同的人类物种共同生活过，但今天全世界 70 亿人口都只属于智人这一个人种。

在弗洛雷斯岛的梁布瓦洞中，人们发现了一种体形非常小的人种的头骨和其他骨头。

“霍比特人”

2003 年，在印度尼西亚的弗洛雷斯岛上，研究人员发现了一具距今 10 万至 6 万年的非常小的人类遗骸。专家把在这里发现的人类叫作“弗洛雷斯人”。女性弗洛雷斯人身高大概只有 1.1 米。弗洛雷斯人的头非常小，他们的脑容量仅与南方古猿差不多，但他们高耸的眉骨与直立人的眉骨相似，身体的其他骨骼则与现代人的相似。一些科学家怀疑弗洛雷斯人只是某些患有侏儒症的现代人。另一些科学家则确信弗洛雷斯人是一种从古老的原始人中分化出来的单独人种，认为他们很早就成功地从海路到达了弗洛雷斯岛。专家推测弗洛雷斯人的祖先可能是直立人，但也不排除他们是能人或者南方古猿的后代的可能性。在这个与世隔绝的岛屿上，哪怕是一个很小的物种都有可能生存下来。我们所熟知的大象、猛犸象或者恐龙，如果它们来到某个小岛，从此不再有天敌，那它们的体形就会在进化中逐渐变小。弗洛雷斯人很有可能也是这样的一个案例。这些“霍比特人”（奇幻小说中一种身材矮小的人类民族）化石让许多研究者一头雾水，这也说明了要弄清楚一种化石的由来是多么困难。

我们从尼安德特人的骨头化石中发现了他们的遗传物质。经分析，现代人的基因和尼安德特人的基因有许多相似之处。从这个意义上说，尼安德特人其实并没有灭绝。

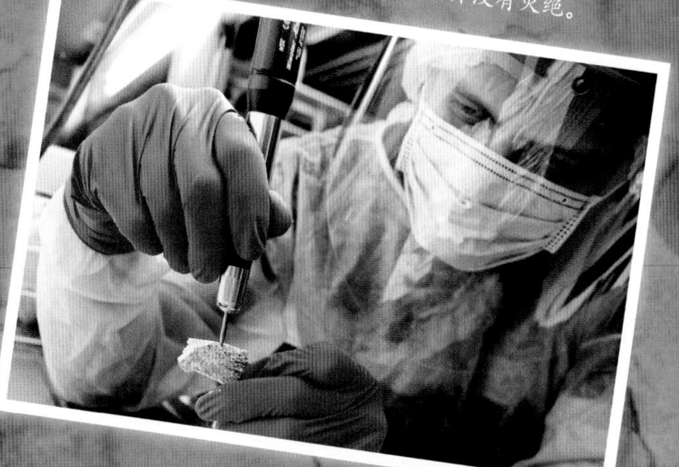

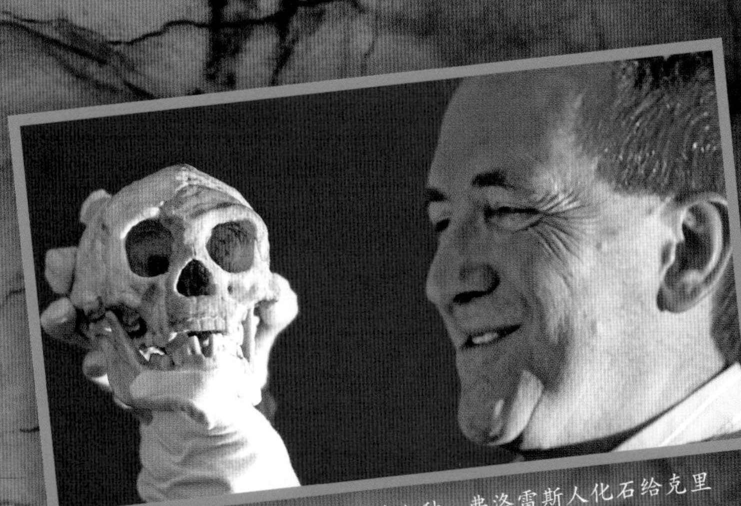

弗洛雷斯人是已知的体形最小的人种。弗洛雷斯人化石给克里斯·斯特林格等许多化石研究人员带来了巨大的困惑。

与化石的访谈记录

对古生物学家来说，露西的骨骼几乎是完整的。她许多部位的骨骼都是镜像对称的。

我们的记者见到了南方古猿“露西”和腔棘鱼“鳍鳍”，这两位是世界公认的最重要的化石。我们采访了他们过去几百万年的经历，正如我们所知，他们经历了太多，对于谁是更重要的化石他们有着不同的观点。快让我们一起听听他们要对我们说什么吧！

很高兴见到您，露西！据我们所知，您是世界上最著名的，也是最小巧的非洲人。

露西：是呀，大家都这么说。你们一度还以为我是个侏儒。但是别忘了，早在 300 万年前，火山还在时不时大规模喷发的时候，我就已经开始用两条腿走路了呢！

这确实不容易！但是您为什么要选择直立行走呢？

露西：因为这样我的双手就可以自由活动了呀！这样我就可以站着吃东西，屁股痒的时候还能伸手抓一抓——屁股痒这种事可是时有发生的。

嗯嗯，这的确很了不起！下一个话题，您想过您从前有可能是一条鱼吗？

露西：这会不会有点牵强？

您也觉得很不可思议吧？不过作为一种脊椎动物，您确实是从鱼类变来的。

露西：真的？这太难以置信了！

让我们有请下一位嘉宾——腔棘鱼“鳍鳍”！请允许我问您一个问题，您喜欢当鱼吗？

鳍鳍：当然了！我真不敢想象没有水的生活！水是那么清凉，那么湿润，在水里我可以轻松地自由游动！

名　字：露西（阿法南方古猿）
身　高：1.05 米
居住地：非洲东部
爱　好：东张西望，抓屁股
优　点：两腿站立，能爬高

露西的家在非洲大草原上，直立行走让她能够及时发现危险，这样她就能快速地爬到树上躲避危险。

很长时间内，科学家都只发现过腔棘鱼的化石，人们一度以为腔棘鱼已经灭绝了。

名　字：鳍鳍（腔棘鱼）
身　长：可以达到 1.8 米
居住地：海洋
爱　好：潜入深海
优　点：不屈不挠

鳍鳍先生，您有没有想过要去陆地上？

鳍鳍：这个想法真是太傻了！陆地可不是我们该去的地方。何况用两条腿站着不是很容易摔跟头吗？我是坚决不会去的！

露西：就像我刚才说的那样，站起来就可以自由地使用两只手了！想想这能带来多少好处！

鳍鳍：就因为你想抓屁股？这真是太诡异了。

我为什么要直立行走呢？真无聊。

让我们来谈谈你们是如何变成化石的吧！露西，您还叫记得那是什么感觉吗？

露西：我只是静静地躺在沉积物里，然后感觉自己的骨头变得越来越重。随着时间的流逝，我就渐渐变成化石了。

鳍鳍：猴子可不该这样……

露西：什么猴子？我可是人类进化史上的转折点！我是一个奇迹！

在我看来，露西为她能参与进化而感到非常骄傲。那么，鳍鳍您怎么看待生物的发展和进化呢？

鳍鳍：我已经非常完美了，根本不需要进化，从我存在开始，我就已经是现在这个样子了。

露西：这说明你还没存在多久吧？

鳍鳍：我已经在这个世界上存在4亿多年了，我就是一个活化石。我会永远保持自我的。

露西：一朝是鱼，永远是鱼。真是无聊！

在这艘德国潜水艇“Jago”中，人们第一次观测了到活的腔棘鱼

的确，腔棘鱼诞生的时间比恐龙还要早，这还真是了不起。

鳍鳍：我就是成功的典范！我根本不需要再改变了。

露西：但是我可以跑、可以跳，如果我愿意，我还可以单腿站立。

鳍鳍：我可以在水里待更长的时间。

露西：我可以吃香蕉。

鳍鳍：香蕉？我可不认识这种食物。肯定又是些无聊的新玩意儿。

呃……两位的谈话内容非常丰富有趣，那我们今天的采访就到此为止吧！

露西：我还有话要说！你个榆木脑袋（“榆”与“鱼”同音）！我说完了。

鳍鳍：你呢？瞧瞧你的样子，你少了好多骨头！你这么丑，连鬼屋都不会要你！

谢谢你们的结束语。谢谢露西，谢谢鳍鳍！

名词解释

活化石。中华鲎现在的模样和它们中生代时期的几乎没有任何差别。

地质时代：地质时间轴中包括了几个纪元的、一段比较长的时间。比如中生代就是一个地质时代，它包括了三叠纪、侏罗纪和白垩纪。

菊　石：一种已经灭绝的头足类动物，有着螺旋形的外壳。

两栖动物：大多数两栖动物具有皮肤光滑、体温不恒定的特征，它们既可以在陆地生活，也可以在水中生活。

物　种：同一个物种的生物可以交配并繁衍后代。

琥　珀：树脂形成的化石。

恐　龙：一种爬行动物，大约在2.3亿年前出现，6 600万年前灭绝。

侵蚀作用：冰、风以及流水等对地表的破坏和损伤。

化　石：1万年以前的生物的遗体或遗迹，揭示了早期地球的历史。

进　化：生物随着时间不断自我改善，并可能在一段时间后形成新物种的过程。

属：近缘和相似的种属于同一个属。几个属可以归为一个科。

寒武纪大爆发：寒武纪时期，许多新兴物种同时出现并迅速发展。

粪化石：动物粪便的化石。

活化石：数百万年来几乎没有改变的物种。

标准化石：在某一地质年代具有代表性的、经常出现的化石。标准化石可以用来确定岩层年龄。

大灭绝：大量物种在某一时期同时消失。

中生代：距今2.52亿至6600万年，又称“恐龙时代”。

古生物学：研究古代地球生物的科学。

古生代：距今5.42亿至2.52亿年。在这个时代，许多大型动植物群得到发展。

泛大陆：于石炭纪形成，并于侏罗纪开始分裂的超级大陆。

前寒武纪：距今40亿至5.42亿年，这段位于寒武纪之前的时间即为前寒武纪。这一时期开始形成单细胞生物，并在前寒武纪末期逐渐进化出简单的多细胞生物。

灵长类动物：猿猴、猴子、人猿以及人类都属于灵长类动物。

沉积岩：沉积物经过长时间挤压形成的岩石，如石灰岩。

沉积物：沉入湖底、海底或地底的细颗粒物质，有时当中会包裹着死去的动植物尸体。

遗迹化石：动物留下的痕迹形成的化石。比如虫洞、脚印和粪便形成的化石。

叠层石：一种古老的生命遗迹，由蓝藻堆积形成，可高达1米。

泥　炭：一种深褐色的有机物，由沼泽植物的残体分解而成。

石　化：植物或者动物躯体中的有机物被矿物质替代的过程。

图片来源说明 /images sources:

Archiv Tessloff:46 左下，47 右上；Baur, Manfred:4 左上，4 左下，4 右上，4-5 背景，5 上中，5 中右，5 左下；Bridgeman Images:10 下 (Oxford University Museum of Natural History, UK); Corbis:3 中右 (Iain Masterton/incamerastock), 7 左下 (Louie Psihoyos), 7 中左 (Colin Varndell/Nature Picture Library), 9 左上 (Sergei Cherkashin/Reuters), 11 中左 (Lynn Johnson/National Geographic Creative), 15 左下 (Louie Psihoyos), 16 右上 (PETER SCOONES/Science Photo Library), 17m (Jonathan Blair), 20 右上 (RebeccaAng/RooM The Agency), 21 右上 (Visuals Unlimited), 22-23 背景 (Frans Lanting), 26 左上 /27 左上 (Colin Keates/Dorling Kindersley Ltd.), 27 左下 (Walter Myers/Stocktrek Images), 28 中右 (Kevin Schafer), 30 上 (Sergey Krasovskiy/Stocktrek Images), 30 中右 (Richard T. Nowitz), 30 右下 (Lester V. Bergman), 32 上中 (LEONELLO CALVETTI/Science Photo Library), 32 下 (Louie Psihoyos), 33 右下 (Louie Psihoyos), 34 上 (Jonathan Blair), 35 右上 (Louie Psihoyos), 35 左下 (Louie Psihoyos), 36 右上 (Louie Psihoyos), 36 左下 (Reuters), 37 上中 (Louie Psihoyos), 37 背景 (Jan Sovak/Stocktrek Images), 38 左上 (Walter Myers /Stocktrek Images), 41 左上 (Carola Vahldiek/imageBROKER), 41 右下 (Brian Cahn/ZUMA Press), 42 左下 (Christophe Boisvieux), 42 中右 (HO/Reuters), 42 中 (HO/Reuters), 44-45 背景 (Tino Soriano/National Geographic Creative), 44 中右 (Science Photo Library), 44 右上 (Iain Masterton/incamerastock), 46 右上 (Alain Nogues/Sygma), 47 中下 (Uli Kunz/National Geographic Creative); FOCUS Photo- und Presseagentur:23 中 (Richard Bizley/Science Photo Library), 44 下 (PASCAL GOETGHELUCK/SCIENCE PHOTO LIBRARY); Getty:1 (Greg Dale), 2 左下 (Mint Images - Frans Lanting), 3 左上 (Field Museum Library/Kontributor), 3 中左 (Heraldo Mussolini/Stocktrek Images), 3 中下 (David Parsons), 6 中 (De Agostini Picture Library), 7 中 (Science & Society Picture Library/Kontributor), 11 右下 (Dorling Kindersley), 12 上 (Gamma-Rapho), 12 右下 (Scott Olson/Getty Images Europe), 15 中左 (Tausendfüßer : John Cancalosi/Photolibrary), 16 中右 (Wild Horizons/UIG), 17 左上 (DeAgostini), 18 左上 (DEA PICTURE LIBRARY), 19 左上 (Wild Horizons/UIG), 22 中左 (Mint Images - Frans Lanting), 25 中 (O. Louis Mazzatenta/Kontributor), 27 中左 (Field Museum Library/Kontributor), 27 中右 (Field Museum Library/Kontributor), 29 下 (Spencer Sutton), 31 中下 (Heraldo Mussolini/Stocktrek Images), 31 右下 (Field Museum Library/Kontributor), 33 右上 (DEA PICTURE LIBRARY), 33 左下 (David Parsons), 36 中左 (JOHN ZICH/Freier Fotograf), 39 上中 (AFP/Freier Fotograf), 39 右上 (AFP/Freier Fotograf), 39 中右 (Dorling Kindersley), 39 右下 (Sovfoto/Kontributor), 42 下 (Kenneth Garrett), 47 左上 (Wild Horizon/Kontributor); mauritius images: 24 上中 (Alamy), 33 上 (Alamy), 39 中左 (Alamy), 42 右上 (Alamy), 45 右上 (Alamy); Nature Picture Library: 2 右上 (Adrian Davies), 6 左下 (Jack Dykinga), 14 左 (Jose B. Ruiz), 17 上中 (Angelo Giampiccolo), 17 右上 (Adrian Davies), 24 中下 (John Cancalosi); picture alliance: 6 中右 (Bildagentur-online/Saurer), 6 右下 (ep/AFP/dpa-Fotoreport), 10 中 (Mary Evans Picture Library), 12 中右 (Tang chao/Imaginechina/dpa Bildarchiv), 13 上中 (Martin Schutt/dpa-Zentralbild), 14 右上 (XAMAX), 15 中右 (Bernd Wüstneck/ZB-Funkregio Ost), 16 上 (Frans Lanting/Mint Images), 19 右上 (Mary Evans Picture Library), 26 左下 (United Archives/DEA PICTURE LIBRARY), 26 中右 (Francois Gohier/Ardea/Mary Evans Picture Library), 28 右下 (Peter Endig/dpa), 31 左上 (Uwe Zucchi/dpa), 33 中右 (ASSOCIATED PRESS), 40 上 (Karin Hill/dpa Report), 40 右 (Frank Rumpenhorst/dpa), 40 中下 (R. Koenig/blcikwinkel), 41 上中 (D. Buerkel/WILDLIFE), 43 右下 (Katja Lenz/dpa), 45 左下 (Jan Woitas/dpa-Report), 45 右下 (Richard Lewis/Associated Press), 46 右下 (akg-images); Schrenk,Dr.Friedemann:43 右 ;Shutterstock:6-7 背景 /10-11 背景 /38-39 背景 /42-43 背景 /46-47 背景 (Roberaten), 6 上中 (Diego Barucco), 7 中左 (Cbenjasuwan), 7 左上 (ChWeiss), 8 中右 (fullempty), 8 上中 (Marcio Jose Bastos Silva), 8 中下 (Albie Venter), 14 左下 (Anetlanda), 14 右下 (Maxim Godkin), 15 中左 (Frosch: Galyna Andrushko), 15 右上 (Beker), 17 中左 (Marek R. Swadzba), 18-19 背景 . (smuay), 19 下 (miha de), 19 中右 (Sytilin Pavel), 23 中 (Nicolas Primola), 48 右上 (Andrew Burgess); Sol90images: 20-21 下，24-25 背景；Thinkstock:2 中左 (vaeenma), 2 中右 (Russell Shively), 7 上中 (vaeenma), 8-9 背景 (Dorling Kindersley), 10 右上 (Tim Abbott), 10 右下 (Russell Shively), 15 左上 (para827), 17 左下 (John Rodriguez), 17 中右 (Brand X Pictures), 25 左下 (CoreyFord), 28-29 背景 . (Antipov), 29 上中 (songqiuju); ullstein bild Axel Springer Syndication GmbH: 28 左上 (Lombard); Urweltmuseum Hauff Holzmaden (www.urweltmuseum.de):34 右下；Wikipedia: 2 右下 (Ghedoghedo), 3 上中 (Henry F. Osborn), 10 中右 (PD/B. J. Donne), 11 右上 (PD/www.montanadinosaurdigs.com/dinosaur-discoveries), 13 中下 (PeerJ/Chiappe et al.), 13 右下 (PeerJ/Chiappe et al.), 18 左下 (PD), 23 左上 (Verisimilus), 23 右上 (Ghedoghedo), 23 左下 (Aleksey Nagovitsyn/Arkhangelsk Regional Museum), 23 中下 (Esv - Eduard Solà Vázquez), 23 右下 (Daderot), 24 中左 (Smith, M. R., Harvey, T. H. P. & Butterfield, N. J. (2015) The macro- and microfossil record of the middle Cambrian priapulid Ottoia. Palaeontology, in press. doi:10.1111/pala.12168), 25 右上 (Jstuby), 25 中下 (Gyik Toma - Tommy the paleobear), 26 中左 (Wilson44691), 26 右上 (Obsidian Soul/Dimitris Siskopoulos), 28 右上 (Ghedoghedo), 31 上中 (Lutz Benseler), 31 中右 (PD, Urheber: Ernst Haeckel), 32 中右 (Ghedoghedo), 34 中右 (Ghedoghedo), 36 中右 (Ghedoghedo), 38 右上 (Henry F. Osborn), 38 下 (Leptictidium), 39 中 (Ryan Somma), 40 中右 (Torsten Wappler, Hessisches Landesmuseum Darmstadt), 41 右上 (Jens L. Franzen, Philip D. Gingerich, Jörg Habersetzer1, Jørn H. Hurum, Wighart von Koenigswald, B. Holly Smith), 41 中 (Jens L. Franzen, Philip D. Gingerich, Jörg Habersetzer1, Jørn H. Hurum, Wighart von Koenigswald, B. Holly Smith), 42 中下 (Guérin Nicolas)

封面图片：Corbis: 封 1 背景图 (Louie Psihoyos), 封 4 背景图 (Louie Psihoyos)

设计 :independent Medien-Design

内 容 提 要

本书介绍了化石是如何产生的，以及科学家们如何研究、修复化石。书中展示了许多有趣的化石，用全新的视角去了解世界万物，展现了地球与生命从诞生到现在的漫长演变历史，解开化石背后隐藏的秘密。《德国少年儿童百科知识全书•珍藏版》是一套引进自德国的知名少儿科普读物，内容丰富、门类齐全，内容涉及自然、地理、动物、植物、天文、地质、科技、人文等多个学科领域。本书运用丰富而精美的图片、生动的实例和青少年能够理解的语言来解释复杂的科学现象，非常适合 7 岁以上的孩子阅读。全套图书系统地、全方位地介绍了各个门类的知识，书中体现出德国人严谨的逻辑思维方式，相信对拓宽孩子的知识视野将起到积极作用。

图书在版编目（CIP）数据

化石档案 /（德）曼弗雷德·鲍尔著 ; 刘木子译
. -- 北京 : 航空工业出版社, 2022.10（2024.2 重印）
（德国少年儿童百科知识全书 · 珍藏版）
ISBN 978-7-5165-3033-7

Ⅰ. ①化… Ⅱ. ①曼… ②刘… Ⅲ. ①化石－少儿读物 Ⅳ. ①Q911.2-49

中国版本图书馆 CIP 数据核字（2022）第 075184 号

著作权合同登记号
图字 01-2022-1316

FOSSILIEN Spuren des Lebens
By Dr. Manfred Baur

化石档案
Huashi Dangan

航空工业出版社出版发行
（北京市朝阳区京顺路 5 号曙光大厦 C 座四层　100028）
发行部电话：010-85672663　010-85672683

鹤山雅图仕印刷有限公司印刷　　全国各地新华书店经售
2022 年 10 月第 1 版　　2024 年 2 月第 4 次印刷
开本：889×1194　1/16　　字数：50 千字
印张：3.5　　定价：35.00 元

WAS IST WAS
船的故事

WAS IST WAS
飞机的秘密

WAS IST WAS
火山探秘

WAS IST WAS
七大奇迹

WAS IST WAS
汽车世界

WAS IST WAS
鲨鱼家族

WAS IST WAS
百变天气

WAS IST WAS
穿越大自然

WAS IST WAS
鲸和海豚

WAS IST WAS
恐龙王国

WAS IST WAS
矿物与岩石

WAS IST WAS
爬行与两栖动物

WAS IST WAS
大自然的力量

WAS IST WAS
改变世界的电

WAS IST WAS
各种各样的鱼

WAS IST WAS
猫的家族

WAS IST WAS
奇境森林

WAS IST WAS
忠诚的狗

WAS IST WAS
浩瀚宇宙

WAS IST WAS
狼的故事

WAS IST WAS
蚂蚁和白蚁

WAS IST WAS
美丽的蝴蝶

WAS IST WAS
蜜蜂和胡蜂

WAS IST WAS
潜水的魅力

WAS IST WAS
古老的希腊文明

WAS IST WAS
古罗马生活

WAS IST WAS
欧洲风情

WAS IST WAS
骑士时代

WAS IST WAS
舞动的音符

WAS IST WAS
古老的城堡

WAS IST WAS
熊的秘密生活

WAS IST WAS
化石档案

WAS IST WAS
奇妙的昆虫

WAS IST WAS
极地世界

WAS IST WAS
神秘的蜘蛛

WAS IST WAS
大象王国

WAS IST WAS
海底宝藏

WAS IST WAS
海洋之谜

WAS IST WAS
火星登陆

WAS IST WAS
忙碌的农场

WAS IST WAS
时尚魅力

WAS IST WAS
全球气候